新闻出版总署向全国少年儿童推荐的百种优秀图书

上海科普图书创作出版专项资助
上海市优秀科普作品

星际探秘

顾震年 编写

少年儿童出版社

序

“探索未知”丛书是一套可供广大青少年增长科技知识的课外读物，也可作为中、小学教师进行科技教育的参考书。它包括《星际探秘》《海洋开发》《纳米世界》《通信奇迹》《塑造生命》《奇幻环保》《绿色能源》《地球的震颤》《昆虫与仿生》和《中国的飞天》共10本。

本丛书的出版是为了配合学校素质教育，提高青少年的科学素质与思想素质，培养创新人才。全书内容新颖，通俗易懂，图文并茂；反映了中国和世界有关科技的发展现状、对社会的影响以及未来发展趋势；在传播科学知识中，贯穿着爱国主义和科学精神、科学思想、科学方法的教育。每册书的“知识链接”中，有名词解释、发明者的故事、重要科技成果创新过程、有关资料或数据等。每册书后还附有测试题，供学生思考和练习所用。

本丛书由上海市老科学技术工作者协会编写。作者均是学有专长、资深的老专家，又是上海市老科协科普讲师团的优秀讲师。据2011年底统计，该讲师团成立15年来已深入学校等基层宣讲一万多次，听众达几百万人次，受到社会认可。本丛书汇集了宣讲内容中的精华，作者针对青少年的特点和要求，把各自的讲稿再行整理，反复修改补充，内容力求新颖、通俗、生动，表达了老科技工作者对青少年的殷切期望。本丛书还得到了上海科普图书创作出版专项资金的资助。

上海市老科学技术工作者协会

编委会

目录

引　言

从古代起，人们就开始凝视美丽的星空，关注浩瀚的星际空间。我们在什么东西上行走？头顶上的天空是什么样的？那点点发光的繁星又是什么？供给人类和动植物以光和热的太阳是怎么一回事……在人类思维的发展过程中，存在着一个永恒的、不断进行探索的科学主题，那便是宇宙。

天文学，就是揭示和探索宇宙奥秘的科学。它使我们跨越历史的长河，漫游广阔的空间，了解宇宙的一些基本知识，否则我们会永远受制于自然界的影响却不能明白其中的原因。如今，提供准确的时间、年历，发射各种人造卫星和探测器，乃至人类防灾、减灾等，都少不了天文学。

天文学走过了漫长的道路。人类通过长期不懈的努力奋斗，凭借着创造性的智慧和勇于探索的精神，正在逐渐将宇宙厚厚的神秘面纱一一揭开。

一、宇宙有多大、有多老

茫茫宇宙中的星星多得数也数不清。目前能够目测到的星星有 6974 颗。这个数字仅仅是浩瀚星空中的“沧海一粟”。那么，宇宙到底有多大，有没有边界？它从何而来，寿命有多长呢？

天上的“地图”——星座

天穹上闪烁的繁星，乍看之下，它们分布得乱七八糟，一点没有规律；但反复观测后，就会发现这些繁星似乎按照某种规律排列。我们的祖先为了辨认它们，就根据各自的习俗和感觉将天空上的星星形态分成风格不同的区域，用想象中的线联系起来，这就叫做星座。星座是一部“天书”，它是人类文明的遗产。很早以前，古代的人们就开始阅读这部天书了。中国人在这部天书上，把太阳比作金乌；把月亮比作玉兔；把一些恒星联在一起，分成了二十八宿。

1928—1930年期间，国际天文联合会汇总了以往流传下来的所有星座，确认了其中的88座，简化了星座的名称，把整个天球的全部表面都布满。同时用东西方向的横线和南北方向的竖线代替以往任意绘制的星座边界，准确地标明了每个星座的边界线，至今被世界各国天文学界沿用。

88个星座，是宇宙这部“天书”中的五彩缤纷的美妙插图，而每个

知识链接

科学“巨人”伽利略

伽利略是意大利物理学家、天文学家和近代实验科学的先驱者。1564年，伽利略出生于意大利西部海岸的比萨城。17岁进比萨大学学医。其间他的学习逐渐转向了数学和物理学。由于家境贫寒，他没有毕业就离开学校。

伽利略对自然界进行观察和实验。在之前的一千多年里，人们只认为亚里士多德所说的“轻的物体落下的速度慢，重的物体落下的速度快”是正确的。但伽利略却认为物体下落的速度都是相同的。在1589年的一天，伽利略登上了比萨斜塔，当众进行实验：将两个不同重量的铁球同时从塔顶上投下，结果两个球同时落在地面上。这个实验揭开了近代实验科学登上科学历史舞台的帷幕。

伽利略

1609年，伽利略得知一位荷兰商人用一种镜片看见了远处肉眼看不见的东西。他受此启发，很快制成了望远镜，用来观测天体，开创了望远镜天文学的新时代。

星座都有神话传说。

在众多的星座中，大家比较熟悉的莫过于以下12个星座，它们依次为：白羊、金牛、双子、巨蟹、狮子、室女、天秤、天蝎、人马、摩羯、宝瓶、双鱼。人们叫它们“黄道十二宫”。这又是怎么一回事呢？

原来，地球每年围绕太阳公转一周，从地球上看，好像太阳在星空中转了一圈，这叫太阳的视运动。古代人们根据夜间的星象来推测太阳的位置，并且在星座之间标明周年旅行的路线，该路线叫做黄道。古希腊天文学家把黄道分为12段，以12个星座命名，称为黄道十二宫。太阳每月位于某一宫，西方占星家就说这个月出生的人属于这一宫。

随着对天文观测的逐步深入，人们要辨认星星，除了划分星座外，还采取根据星星的亮度分等的办法。等级数字越小的亮度越高，等级数字越大的亮度越低。例如，比1等星更亮的依次称为零等星、-1等星、-2等星等。人的肉眼能看到的星为6等星（6等级数以上的星，因距离远而看不到）。

伽利略望远镜

1609年，伽利略发明了天文望远镜，它一下子使人们的视野向太空深处延伸，开创了望远镜天文学新时代。从那时起，人们制造的望远镜口径越来越大，观测到的空间范围也越来越远。借助世界上最大的光学反射望远镜一般能观测到亮度很低的24到25等星，也就是能探测到几万千米以外的一支小蜡烛那么微弱的光，使人类的目光触及了100亿光年以外的遥远天体。

量天的“尺子”

一般说来，宇宙是指大尺度的时间和空间中物质存在的形式。“宇”是指东、南、西、北、上、下六个方向，表示空间。“宙”是指过去、现在和未来，表示时间。我们所认知的宇宙空间尺度确实是非常广大的。

量天的尺子，我们称为“天尺”。天尺有长有短。两个城市之间的距离用千米作为单位；但若要测量太阳和地球之间的距离，用千米作为单位就太小了。所以天文学上把日地之间的平均距离用一个天文单位（AU）来测量。1个天文单位就是太阳到地球的平均距离，约等于1.5亿千米。

可是到宇宙星际中，AU这个单位还是太小了。天文学中通常用光年（ly）这把“天尺”来测量距离。光年与年的意思完全不一样。光年不是时间的单位，是长度单位。它是衡量宇宙中星际之间距离的单位—光在一年中所走过的距离为1光年。光的速度是30万千米/秒。1光年有10^{13}千米，约等于10万亿千米。打个比方：如果一个人10分钟走1千米的话，那么，光走1秒钟的路程，我们人要走4年多；光走1年的路程，人需要走1.8亿年。离开我们最近的恒星——半人马座的南门二星，距离地球也有4.3光年。目前能观测得到宇宙最远处距离地球为百亿光年（10^{26}千米）。宇宙真是浩瀚无边！

为了感性地认识宇宙之大，我们可以探讨一下地球在宇宙中的地位：

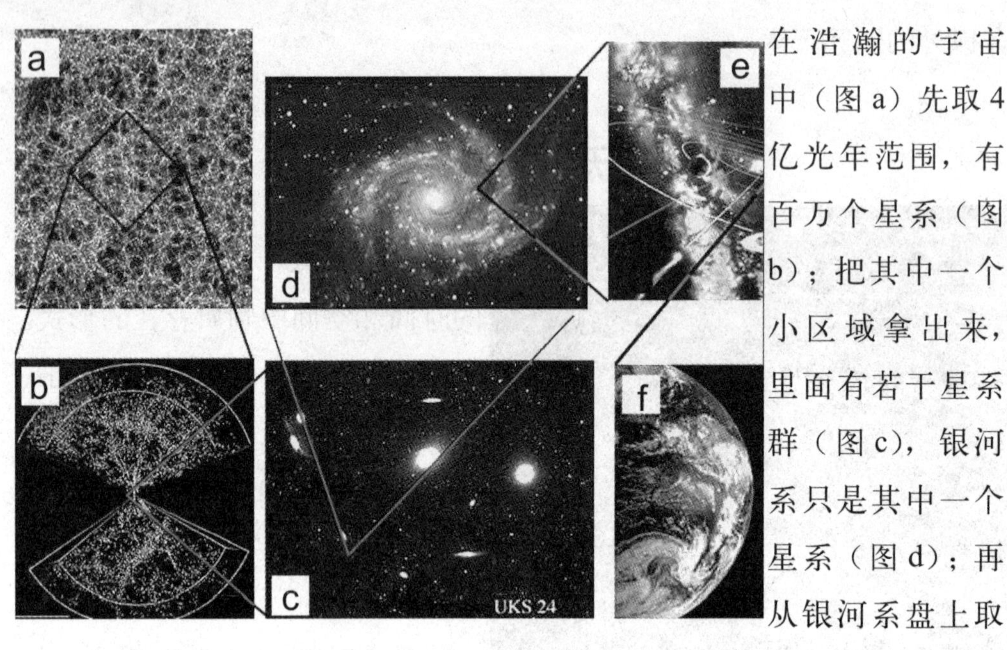

在浩瀚的宇宙中（图a）先取4亿光年范围，有百万个星系（图b）；把其中一个小区域拿出来，里面有若干星系群（图c），银河系只是其中一个星系（图d）；再从银河系盘上取出太阳系（图e），在靠近太阳的地方才能找到我们的地球（图f）。可见宇宙之大！

宇宙从哪里来

宇宙从何处而来？中国古代有个神话说盘古开天辟地。西方宗教一直坚持认为宇宙是上帝创造的。

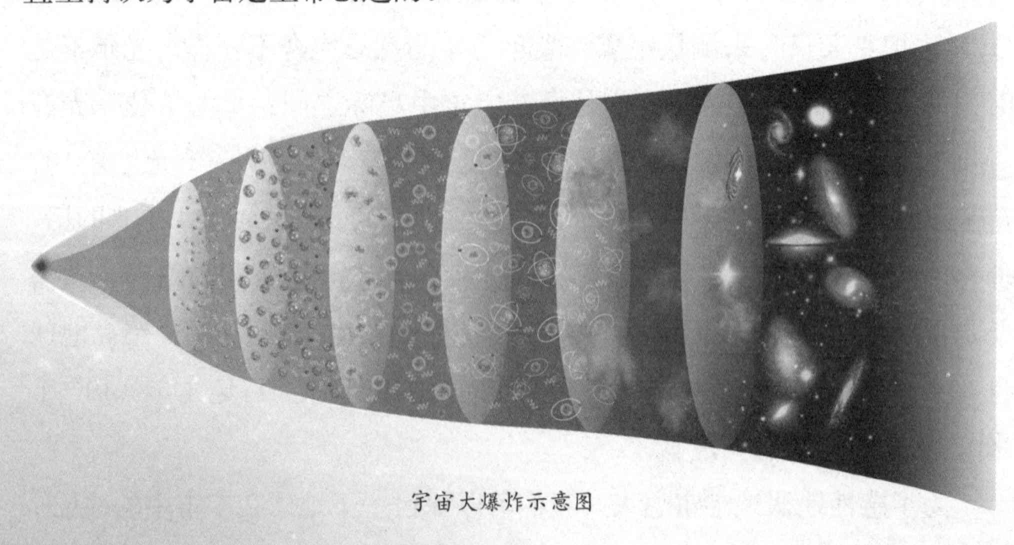

宇宙大爆炸示意图

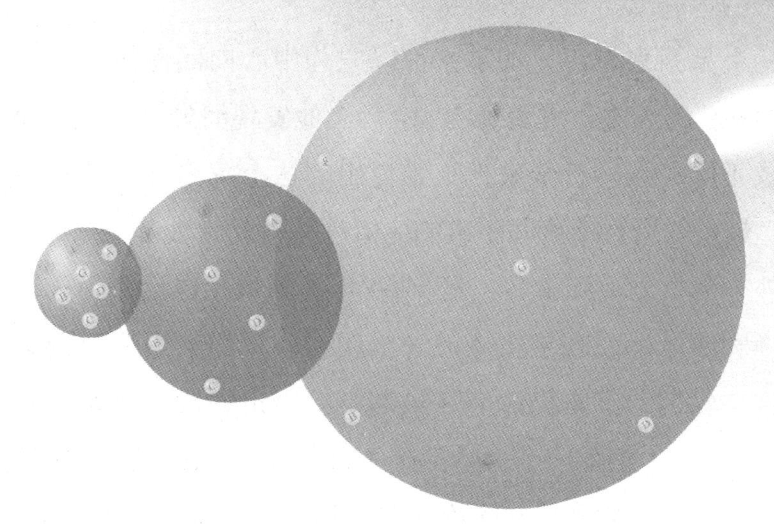

宇宙膨胀示意图，星系实际上都在互相远离

宇宙于150亿年以前从大爆炸中诞生，这是目前科学界普遍认同的一种宇宙学说。

1948年，美籍俄国物理学家伽莫夫第一个提出了热大爆炸宇宙模式的观念。认为宇宙起源于一次大爆炸，爆炸生成的原始火球不断膨胀，又逐渐冷却下来，形成今天的膨胀宇宙。根据大爆炸宇宙论，最早期的宇宙是宇宙汤，温度极高，密度极大，所占的空间非常小，处于这种状态的宇宙必然要膨胀。宇宙诞生的最初3分钟变化非常快，这3分钟就是一次大爆炸的过程，使宇宙温度从1000亿K一下子降低到10亿K。就这样通过膨胀使温度降低，使得原子核、原子乃至恒星系统得以相继出现，并逐渐演化成我们今天的宇宙。

当人们乍一听说宇宙起源于一次3分钟的大爆炸，都会被这离奇的理论所惊呆。但它为什么这么流行和走红呢？因为这种理论在很大程度上和天文观测事实相符合。也就是说大爆炸理论的科学性得到了下面的重要观测事实的支持。

首先是，经过观测，发现所有星系都在急速离我们而去，而且越远的星系离开我们的速度越大。这就是说，我们的宇宙是在膨胀，而且越是早期的星系膨胀速度越大。这种膨胀是一种全空间的均匀膨胀，因此从任何一个星系来看，一切星系都以它为中心向四面散开。最早观察到这一点的是美国天文学家爱德温·哈勃。他发现河外星系的视向退行速度与距离成正比关系。科学家把哈勃提出的这个关系称为哈勃定律。哈勃定律中，星系的退行速度同距离的比值称为哈勃常数。

另外一个重要观测事实，是1964年美国贝尔电话公司年轻的工程师彭齐亚斯和威尔逊发现宇宙微波背景辐射。根据大爆炸理论，伽莫夫曾做出预言：我们的宇宙仍沐浴在早期高温宇宙的残余辐射中，不过温度已降到6K左右。正如一个火炉虽然不再有火了，还可以冒一点热气。而彭齐亚斯和威尔逊的发现，恰恰证实了伽莫夫的预言；经过测量和计算，得出这个残余辐射的温度是2.7K（比伽莫夫预言的温度要低），一般称它为3K宇宙微波背景辐射。这一发现是宇宙大爆炸理论强有力的事实支柱，使许多从事大爆炸宇宙论研究的科学家深受鼓舞。

宇宙的年龄

从时间尺度来看，宇宙有多老？据科学研究，宇宙起始于150亿年前的大爆炸(150亿年约有10^{18}秒)，以后以惊人的速度膨胀。在大爆炸之前是没有时间的。时间随宇宙的诞生而诞生。宇宙的年龄现在是150亿年，可见宇宙之老。

然而，宇宙始于何时，将止于何时？这是宇宙留给人类最为神秘、也最难解释的谜题。虽说宇宙大爆炸说已经深入人心，可在这个理论出世之后，很多人也提出了另外一个问题：在宇宙大爆炸之前发生了什么？

2002年，美国普林斯顿大学的波尔·施泰恩加德和英国剑桥大学的尼尔·图尔克这两名理论物理学家，经过研究又提出了一个理论，即宇宙大爆炸发生了不止一次，宇宙一直经历着“生死轮回”的过程，而我们所认为的宇宙大爆炸并非宇宙诞生的绝对起点，那只是宇宙的一次新生。尼尔教授说：“宇宙的年龄可能远远大于万亿年。时间没有开始，根据我们的理论，宇宙的年龄是无限大的，而宇宙范围也是无限大的。”

如果这两位科学家的假设是正确的，那么下一次的大爆炸将在什么时候到来？尼尔教授说：“不论计算多么准确，我们都无法预料下一次大爆炸的时间，但我们可以说的是，下一次的大爆炸不会在之后的 100 亿年内发生。”

二、地球和它的卫士

早在1522年，葡萄牙航海家麦哲伦通过环球航行，确证地球为球形。从此人们把我们所在的世界称为“地球”。月亮是地球的卫士，在几十亿年前，大致和地球同时诞生。在地球上还没有人类时，它就已经伴随着地球，走过了漫长的岁月。

太空中的地球

实际上，地球是个扁平的椭球体，形状像个梨子：赤道稍隆起，是它的“梨身”；北极略冒尖，像个“梨蒂”；南极有点凹进，像个“梨脐”。航天技术的发展，使我们可以利用人造地球卫星精确测出它的赤道半径是6378.14千米，极半径比赤道半径短约21千米。地球的面积为5.1亿平方千米，既有广阔的平原陆地，也有占地球面积70%多的海洋。在月球上观看地球，可以看到一轮蓝色的明亮星球从月球的地平线上冉冉升起；地球大气圈中水汽形成的白云和覆盖地球大部分的蓝色海洋，使地球成为一颗“蓝色的行星”。在宇宙中间，从远处看地球，它像一个转动的圆轮；再远一点看，就成了星；如果在金星上看，地球就是明亮的星了。

地球在不停地运动着。24小时内绕自己转动一圈，这是地球的自转。同时，地球又围绕着太阳转；地球与太阳之间的距离为1.49亿千米，365天转9.42亿千米。也就是说，地球围绕着太阳一天转258万千米，一秒钟约转30千米；位于赤道上的人每天随地球在空中转过8万里，地球就是这样载着人类在太空中快速运行。因此有“坐地日行八万里，巡天遥

知识链接

创造多项“世界纪录”的天文学家

郭守敬，字若思，1231年出生于河北省邢台县。他是中国古代最有成就的科学家之一，也是13世纪世界上最杰出的科学家之一。郭守敬从小就对自然现象很感兴趣，特别爱好天文学。他一生编著天文书籍一百多卷，创制仪器仪表十七八种。为了编制新历法，郭守敬设计和监制了简仪、高表等十多种天文观测新仪器。

郭守敬

郭守敬不仅在历法上创造了新的“世界纪录”，他还曾保持了多项世界纪录达几百年之久。例如：他在世界测量史上首次运用“海拔”概念，比德国数学家高斯提出的海拔概念早了560年；他所创造的简仪是最早制成的大赤道仪，比丹麦天文学家第谷创造的同类仪器早310年。

看一千河”的诗句。

地球的自转产生了昼夜变化;地球的公转运动，产生了季节和月、年、世纪的变化。中国元代的大天文学家、数学家、水利专家和仪器制造家郭守敬，在公元1280年就通过观测天象编制成了新历法——《授时历》。《授时历》推算出的一个回归年为365.2425日，即365天5时49分12秒，与地球绕太阳公转的实际时间，只差26秒钟，和现在世界上通用的《格里高利历》（俗称的阳历）的周期一样。但《格里高利历》是1582年开始使用的，比郭守敬的《授时历》晚300多年。

两大宇宙体系的对立

地球有自转和公转两种运动，在今天已经是家喻户晓了。可你知道人类是经过多大努力才认识这个真理的吗？

托勒密的“地心说”宇宙体系

在宽旷的田野中放眼望去，有一望无际的大地平原，每天太阳从东方升起、从西边落下。根据这些表面现象，古人认为大地是宇宙的中心，日月星辰绕着它在转动。例如古希腊哲学家亚里士多德就曾提出，宇宙是一个多层水晶球，地球位于这个水晶球的中心，日月星辰绕着地球转动。这是历史上最早的地心说概念。但真正从天文学的角度建立完整

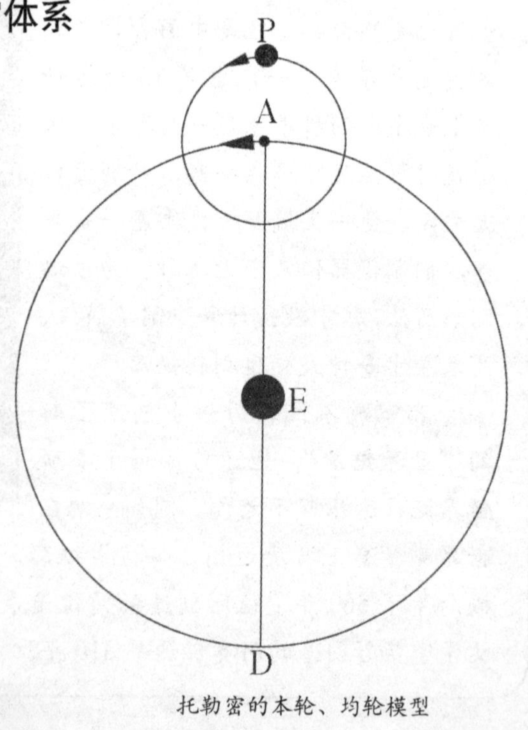

托勒密的本轮、均轮模型

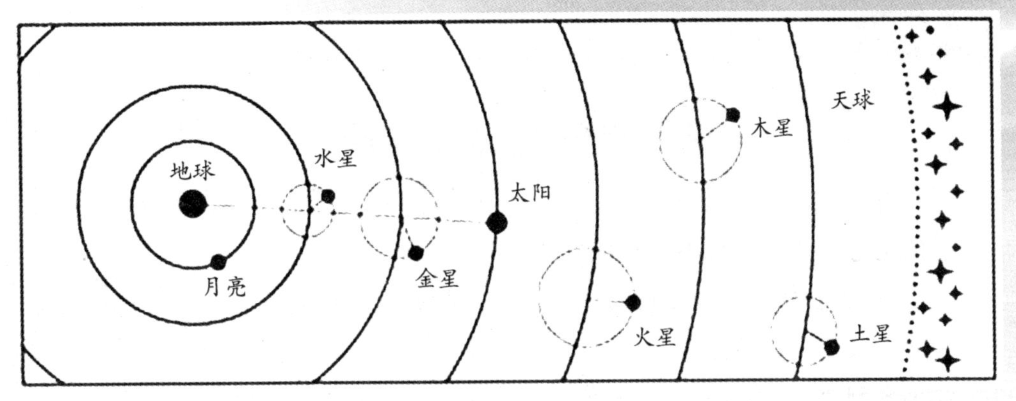

托勒密的地心说模型

的地心宇宙体系的，是2世纪希腊著名天文学家托勒密。他在《天文学大成》一书中，系统、详细地叙述了“地心说”宇宙模式的观点。在整个中世纪里，由于西方宗教神学的支持等原因，《天文学大成》被奉为天文学中至高无上的经典，任何反对的观点都被怀疑为异端邪说。直到中世纪末，用托勒密地心体系推算出来的行星位置与实际天象的观测结果不符，追随者们才开始怀疑它的正确性。

在托勒密的宇宙模型中，地球位于宇宙的中心静止不动，太阳、月亮和行星都围绕着它转动，其离地球的远近顺序为：月亮、水星、金星、太阳、火星、木星、土星、恒星和最高天。托勒密设想，各行星都绕着一个较小的圆周运动，而每个圆的圆心又在以地球为中心的圆周上运动。他把绕地球的那个圆叫“均轮”，每个小圆叫“本轮”。同时假设地球并不恰好在均轮的中心，而偏开一定的距离，均轮是一些偏心圆。

当然，托勒密地心体系是荒谬的。可是在当时的历史条件下，托勒密提出的这一学说，是具有进步意义的。首先，它肯定了大地是一个悬空着的没有支柱的球体；其次，从恒星天体上区分出行星和日月是离我们较近的一群天体，这是把太阳系从众星中识别出来的关键性一步。

哥白尼的“日心说”宇宙体系

1543年，波兰天文学家哥白尼在他的不朽名著《天体运行论》中系

知识链接

哥白尼和《天体运行论》

伟大的天文学家尼古拉·哥白尼1473年出生在波兰维斯瓦河畔的小镇托伦。哥白尼从小喜欢观察天象。

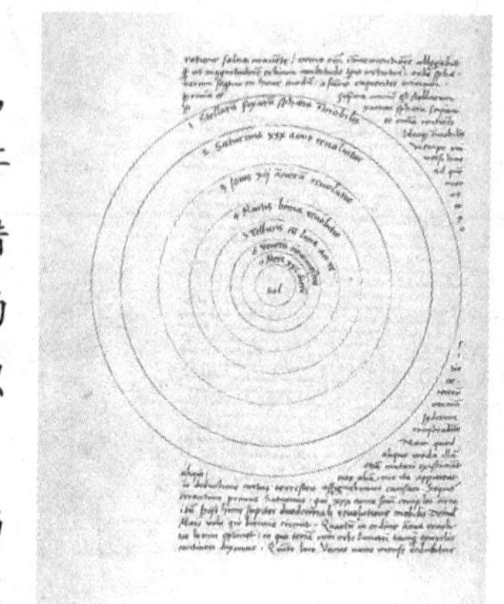

哥白尼18岁开始到克拉科夫大学学习，阅读了大量天文学和数学书籍。1493年，哥白尼来到意大利求学，他阅读了大量古希腊的天文著作，接受了其中阐述的地动学说的见解，对地球中心说产生了怀疑，提出了以太阳为宇宙中心的新假说。

1503年，哥白尼回到波兰当了牧师，仍然把相当多的精力用于研究天文学。为了用事实证实新的假定，他在1513年盖了一座没有屋顶的塔楼，安装了3架天文仪器，分别用于月亮、太阳和恒星的观测，这座天文台被后人称为哥白尼塔。哥白尼对天体进行了系统的观测，同时，对收集到的资料作了数学计算，寻找规律。哥白尼用了将近49年的时间去测算、校核、修订他的学说。

哥白尼的《天体运行论》发表以后，立即遭到宗教界、神学界的围攻。直到死后一个世纪，天文学界才正式采用了他的理论。

统地提出了“日心说”宇宙体系：太阳居于宇宙的中心，地球和五大行星都围绕着太阳运动。

哥白尼用前人和自己的观测资料精确推算出了各大行星到太阳的距离；并推算出行星围绕太阳的运行周期由远到近依次为：土星30年、木星12年、火星2年、

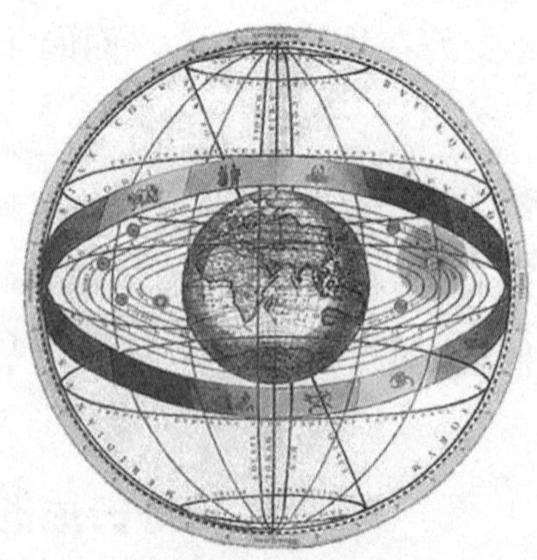

日心说宇宙体系

地球 1 年、金星 9 个月、水星 80 天。哥白尼把“统帅”宇宙的头衔给了太阳，地球和其他行星都沿着圆形轨道围绕着它运行。这样，我们的地球便被放到它应有的地位：它不是宇宙的中心，而只是绕着太阳公转的一颗行星。

哥白尼

哥白尼的日心说经历了诸多磨难后，才为人们所接受。这是天文学上一次伟大的革命，它否定了在西方统治达一千多年的地心说，不仅引起了人类宇宙观的重大革新，而且从根本上动摇了欧洲中世纪宗教神学的理论支柱，揭开了近代自然科学革命的序幕。正如恩格斯所说的，哥白尼的不朽名著《天体运行论》是“向神学发出的挑战书”，是“自然科学的独立宣言”。从此，自然科学便开始从神学中解放出来，大踏步前进。

有力的证据

哥白尼提出“日心说”宇宙体系之后，1609 年，开普勒揭示了地球和诸行星都在椭圆轨道上绕太阳公转，发展了哥白尼的日心说；同年，伽利略率先用望远镜观测天空，用大量观测事实证实了日心说的正确性。1687 年，英国伟大的数学家、物理学家、哲学家牛顿提出了万有引力定律，深刻揭示了行星绕太阳运动的力学原因，解释地球之所以能悬浮在太空，乃是地球和太阳之间引力相互平衡的缘故，使日心说有了牢固的力学基础，地心体系的理论才完全被摧毁(详见“四、我们的太阳系”)。

还有直接的证据证明地球自转：科学家经过研究测定，已知地球赤道圆周为 4 万千米，需要 24 小时转动一周，赤道上的一点转动的速度为每秒 465 米；而愈近地球的两极，转动速度愈快，这正是因为转动的圆

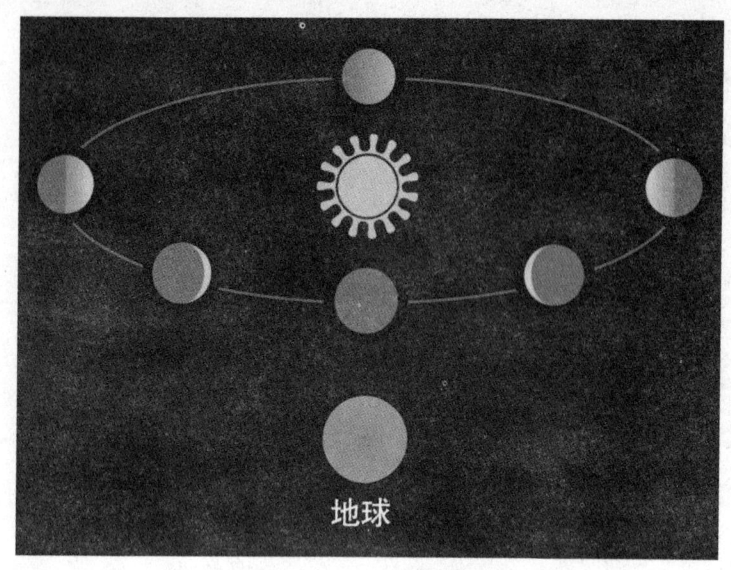

伽利略证实了日心说的正确性

圈小的缘故。同时，用望远镜观测也证明行星都有自转的现象。

地球公转的一种证据是光行差：星光沿着直线，以地球公转速度的一万倍向我们射来，如果地球是静止的，那我们将会直接接收这些光线而没有偏差；但实际是有偏差的，这就是由于地球围绕太阳“奔跑”而表现出的“光行差”现象。这就好像我们在垂直落下的雨滴下奔跑；奔跑得愈快，愈是应该把雨伞向前倾斜，这样我们的衣服才不会被斜下来的雨点淋湿。我们可以把望远镜比作雨伞，星光比作雨点；地球的“奔跑”，使我们不得不把望远镜稍微倾斜一点去接收星光。正因为地球在太空中是围绕太阳进行公转，而且公转一年经过的路线是一个椭圆，所以我们看见天上每颗星一年内也走了一个椭圆。借助光行差的发现，天文学家既证明了光的速度是每秒 30 万千米，也证明了地球公转的事实。

“轮流值班”的北极星

孩子用肥皂沫吹成彩色的气泡，在阳光照耀的空气里飘荡着。地球被宇宙间的力量控制着，在太空中旋转运动，也和这气泡一样活动。地球除了公转和自转外，还有由于太阳和月亮对地球的引力作用而引起的运动——岁差；以及因受到其他行星的摄动而产生的运动——章动。

地球自转的轴指向天空的一点，我们叫它“极点”。在一年里地球

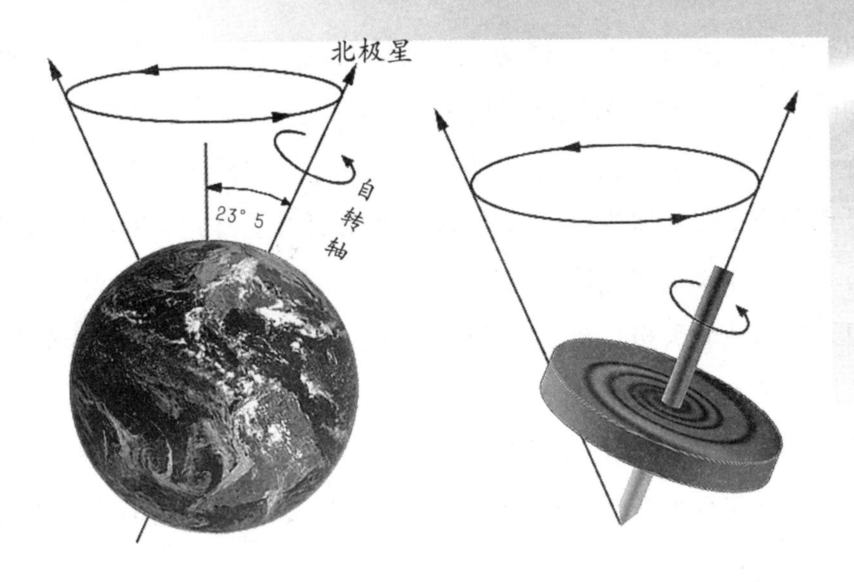

岁差示意图

自转的轴一直指向这相同的极点。但极点也不是固定的，正像陀螺绕着自己的轴在旋转却又缓慢地移动一样，由于太阳和月亮对地球的引力作用，极点也在有规律地改变着它的位置。根据计算，它的移动速度为每年 50.2″；按照这个速度，大约 25 780 年旋转一周。这就是岁差。同时地球又受到其他行星的摄动而引起章动——波动式的摆动，其周期是 18 年 7 个月。于是地球就好像小朋友玩耍的陀螺一样，一边转，一边晃。

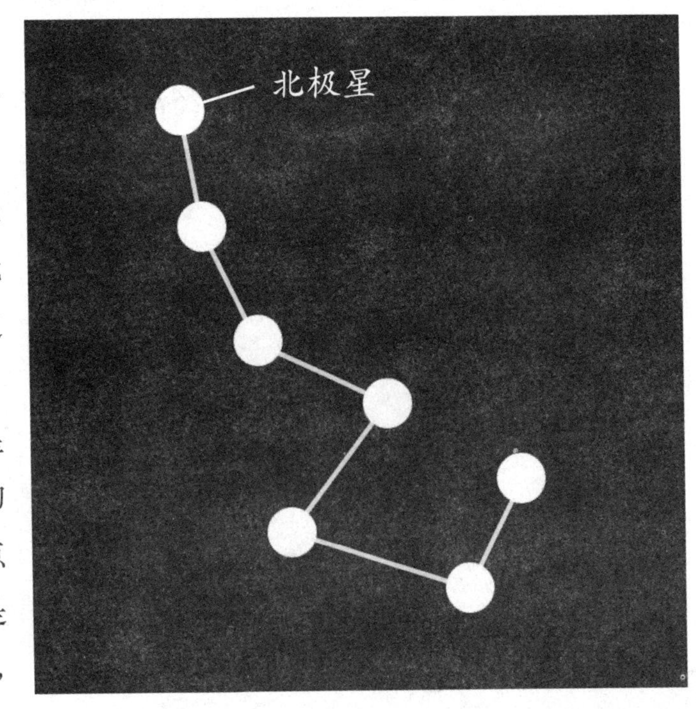

因此，没有一颗星会永远拥有北极星的头衔。只有那一年极点附近的某颗亮星，才是北极星。俗话说得好，

风水轮流转。由于极点在移动，北极星也就并非“终身制”，不同时期由不同的星作为北极星来轮流“值班”。现在是小熊座尾端的一颗星得到这个特殊的称号。它离极点还不到1°，而且还在向极点接近，到了2100年，离极点只有28′。以后它就逐渐离开极点。到了公元7500年时，现在的北极星小熊座α星将让位给仙王座α星。公元10 000年时，天鹅座α星（天津四）将坐镇北天极。到公元13 500年，极点将向北天最耀眼的明星——天琴座里的织女一星靠拢，北极星的桂冠将由织女一星领受。大约到了公元28 000年的时候，小熊座α星将再次靠近极点，重新登上北极星的宝座。但目前至少在3000年内，这颗小熊座α星始终是地球上的北极星。

月亮什么样

每当晴朗的夜晚，大多数时间里，我们都可以欣赏到月亮的倩影。我国古人把月亮描述为瑶台仙境。传说月亮上有巍巍的广寒宫，有寂寞的嫦娥、吴刚、桂花树和一只小白兔。嫦娥奔月的故事在民间广为流传。

在古希腊的神话中，月亮是位女神，她的名字叫阿尔特弥斯。她不但有花样的容貌，而且武艺高强，经常背上弓箭在山林中狩猎，所以又是狩猎女神。月球的天文符号像一轮弯弯的娥眉月，象征着阿尔特弥斯女神的弓箭。

在地球上看月亮

在神话中，月球是如此美丽和神奇。可如今探明的、现实中

富含矿物的月球

的月球，恐怕会让你失望了。月球上没有水和空气，没有发现任何生命的踪迹。它是一个万籁俱寂的不毛之地。

由于没有大气层的阻拦，在月球上看日出要比在地球上清楚得多。首先可以看到升起的是日冕，它就像沸腾的炼钢炉上那股耀眼和变幻不定的气浪，接着圆圆的"日轮"也渐渐露脸了。在这儿，太阳是那么亮，亮得简直叫人睁不开眼睛。因为月球上不存在大气层，所以，也就看不到类似在地球上因大气层反射阳光而形成的白天，取而代之，看到的是太阳和星星同时缀在空中的奇妙景象。

在月球上，没有大气和海洋能对气候作调节，所以那儿的昼夜温差大：在月球的赤道正午时的气温为127℃，黎明前则是-183℃。

月球的引力是地球的1/6。从空中落下的重物，所用时间是地球的2倍半。由于月球上是真空，声音不能在空气中传播，所以在那儿说话是听不见的。

月球本身不发光，我们所以能看到它，完全依靠太阳反射光。不容易的是，早在一千九百年前，我国古代天文学家张衡就发现了这一点。

月球上有月海、月陆，有30多万个环形山。形成环形山的原因可能是陨星撞击月球留下的坑，也可能是那里曾经发生过火山爆发，火山熄

环形山

灭之后留下了环状的火山口。

从地球上看月亮，月亮除了东升西落，它还相对于恒星自西向东移动，平均每天大约移动13°多。因此，月亮升起来的时间，每天都比前一天约迟50分钟。月亮的东升西落是由于地球自转，而月亮自西向东的移动则是月亮围绕地球公转的结果。

月亮围绕地球公转的周期平均为27.32天，叫做一个恒星月。由于月亮每天在星空中自西向东移动，从地球上看，它的形状也在不断发生变化。月亮的各种形状叫

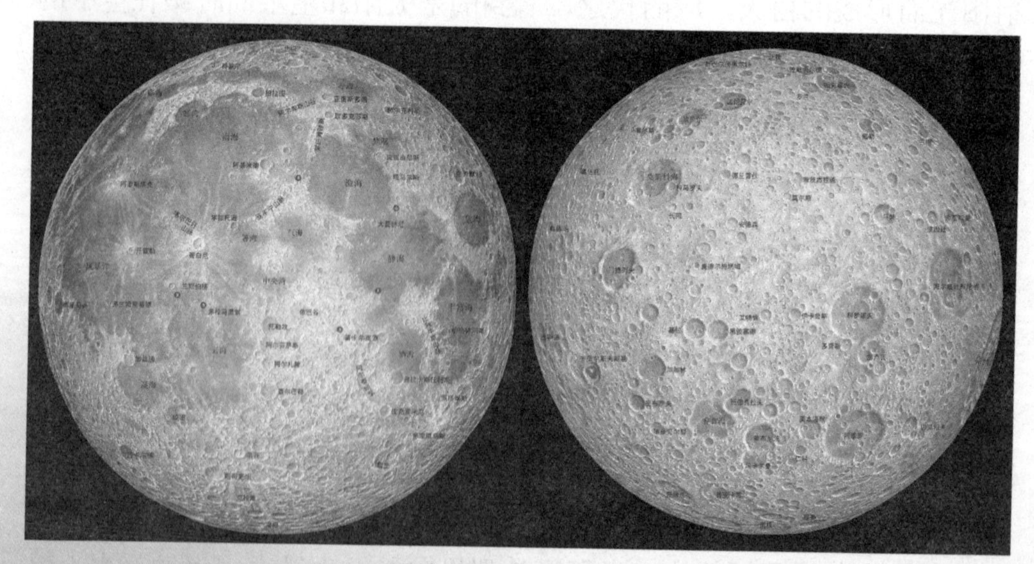
月亮的正面和背面

做月相。根据地球、太阳和月球之间的相对位置不同，月相可分为新月、月牙、上弦、下弦、残月和满月。

在夜空中不管我们看得见还是看不见月亮，月亮总是以同一面对向地球。我们在地球上永远也看不到月亮的另外一面。这是什么原因呢？原来这也与月亮的运动有关系：月亮在围绕地球公转的同时，本身还在自转着。而月亮公转和自转的周期是同步的，都是 27.32 天。难怪我们年复一年看到的月面景色一直是老样子。

知识链接

中国古代天文学家张衡

张衡是我国东汉时期伟大的天文学家。他指出月球本身并不发光，月光其实是日光的反射。

张衡观测记录了 2500 颗恒星，创制了世界上第一架能比较准确地表演天象的漏水转浑天仪，他还发明了第一架测试地震的仪器——候风地动仪，并制造出了指南车、自动记里鼓车、飞行数里的木鸟等等。张衡共著有科学、哲学和文学著作 32 篇，其中天文学著作有《灵宪》和《灵宪图》等，为我国天文学的发展做出了不可磨灭的贡献。

张衡

候风地球仪

激光测月

月亮离我们有多远

月亮离我们有多远？据科学家研究测定，它与地球的平均距离是38.4万千米，是地球直径的30倍。这距离是太阳与地球之间距离的1/400；如果人们要到其他恒星上去，其路程等于从月亮到地球之间距离的1亿倍！所以说，月亮是人类星际旅行中的第一站。

月亮是我们地球的邻居，可也不是就近在“隔壁”。科学家先后用三角形测量法、雷达测月、激光测月的方法，测出月亮与地球的平均距离。20世纪80年代，测月精度已经达到几个厘米。如今已经达到厘米量级以下。

现在，我们可以想象一下这个距离的远近：

如果从地球打出一颗初速度为每秒500米的炮弹，如果炮弹一直保持这个速度飞行的话，到达月亮需要9天。

声音传播的速度在空气中是每秒约340米。假设月地之间充满了空气，月亮在火山爆发后所发出的声音——它的强度足够使地球上的人听见的话，那么我们将在爆发后13天才能听见。

知道了月亮的距离，我们就可以从它的视体积来计算出真实的体积。因为从月亮上看地球的赤道半径是57′ 33″，从地球上看月亮的赤道半径是 15′ 32″。二者的比例为 3′ 11″。而这也应是两个星球的真正直径之比。我们已经知道地球的直径是 12 757 千米，那么按照上述比例，月亮的直径是 3473 千米。由此计算出月亮的面积为 3800 万平方千米，体积是 220 亿立方千米。

从月球上看地球

月亮的面积大约是欧洲大陆的 4 倍，或者是南北美洲相加那样大。月亮的体积相当于地球的体积 1/49。

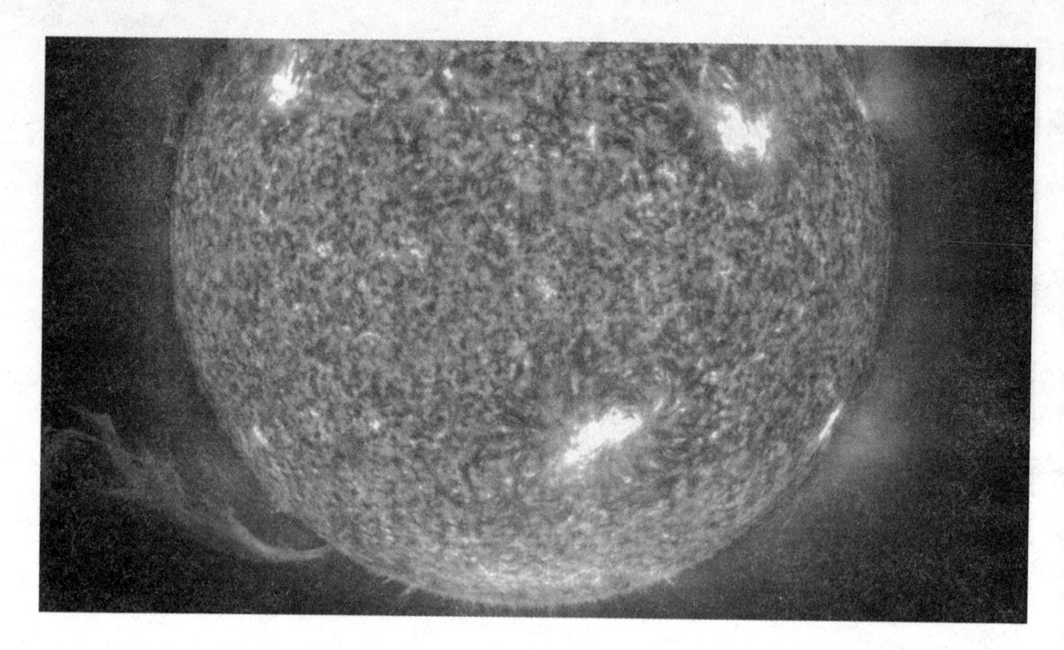

三、行星世界的主宰——太阳

太阳是一颗非常普通的恒星，在广袤浩瀚的繁星世界里，太阳的亮度、大小和物质密度都处于中等水平。但是天文学家却花费很大的精力去研究它。除了因为它对人类无比重要、是一颗充满活力的“中壮年”恒星之外，最重要的是因为太阳也是离我们最近的恒星，我们可以用不同的仪器观测到太阳的各个细节，还可以通过对太阳的研究，由此及彼了解其他恒星的演化和特征。

地球到太阳的距离

地球到太阳的平均距离约为 1.5 亿千米，这在天文学上是一个重要数字，称为一个“天文单位”。许多天文数字都是以它为基准的。

这 1.5 亿千米有多远呢？它大约等于 1.17 万个地球的直径。换句话说，如果在地球和太阳之间修建一座桥，其长度等于将 1.17 万个地球成串地并排而成。如果我们乘坐时速 1000 千米的飞机去太阳上旅行，那么要 17 年才能到达；乘坐每秒 7.9 千米的运载火箭，到达太阳大约 220 天；乘坐光子火箭，那只需要 8 分 19 秒就可以到达了。

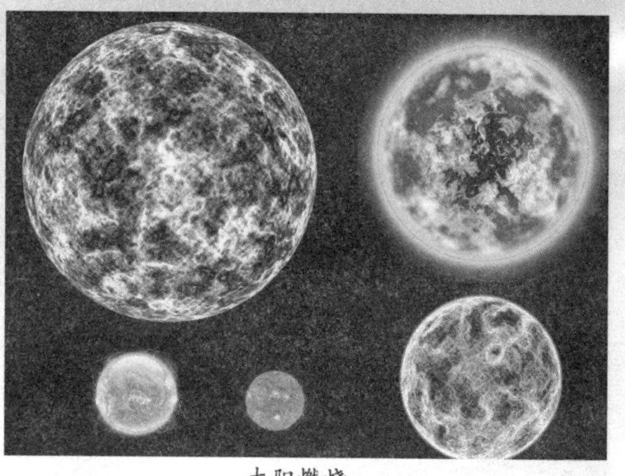
太阳燃烧

那么，人们是怎样测量出日地之间距离的呢？

金星凌日

哈雷

测量日地距离的方法有好几种。其中一种是英国天文学家哈雷建议的，利用“金星凌日”来测量日地距离的方法，这种巧妙的方法计算出的数字可以比较精确。

当金星运行到太阳和地球之间时，人们会看到在太阳表面有一个小黑点慢慢穿过，这种天象就叫做“金星凌日”。不同的观测者在不同的地点，利用自己的钟表仔细读出金星进入和走出日轮的时间；而不同地点得出的时间

金星凌日（小黑点就是金星）

和金星切过太阳盘面的位置都不相同。利用这种时间与位置上的差异，可以经过数学计算来推算出日地的距离。如果将金星出入日轮的观测时间准确到只有几秒的误差，那么就有希望得到更加准确的数值。在早期科学仪器不发达的情形下，金星凌日是少数能让科学家得知日地距离的重要方式。

知识链接

一位天文学家的付出

法国天文学家勒让提于1760年搭乘船到印度，想在印度观测1761年6月的金星凌日。可是，由于英、法在海上作战，推迟了他的行程。等他到达目的地时，凌日已经过去。这位渴求天文学知识的天文学家毅然留在印度，等待8年后的金星凌日观测。意想不到的是，在8年后即将发生凌日的时刻，原来明朗的天气突然雷电交加，狂风暴雨大作；等凌日过去了却又阳光普照大地。天气和他开了一个不小的玩笑。他观测失败，又备受热带气候的煎熬，只得于1771年回归法国。因为他长久和家人朋友失去联系，大家以为他客死异乡。他的院士头衔没有了，财产也被他人承袭。为了金星凌日的观测，他变得一贫如洗，实在付出得太多了。

然而，金星凌日是很稀罕的现象，哈雷本人也知道自己一生中不能观测到金星凌日现象。所以他的方法直到今天，也就是在 243 年中只用过 4 次而已。1761 年 6 月 6 日和 1769 年 6 月 3 日的金星凌日，欧洲各国天文观测队到合适地点观测，然后将观测资料进行整理得到日地距离，但观测精度不理想。后一次在 1874 年 12 月 9 日金星凌日时，一组观测队在印度洋的凯尔盖朗经历了 4 个小时的观测，另外一组在西伯利亚的堪察加经历 4 个半小时的观测。这次是英、法、德、意、俄、荷、美等国家进行的一次更大规模日地距离测量的国际合作。1882 年 12 月的一次金星凌日，观测结果比以往要好，计算出的日地距离为 14 850 万千米，误差为 100 多万千米。2004 年 6 月 8 日有一次金星凌日，下一次的金星凌日将在 2012 年 6 月 6 日发生，青少年朋友可千万不要错过哦！

虽然现在太阳系中的天体距离，可以利用雷达进行精确测量；但由于金星凌日罕见且容易观测，其地位仍非常重要。

小行星的功劳

比金星凌日更精确地测定日地距离的方法，得归功于小行星。

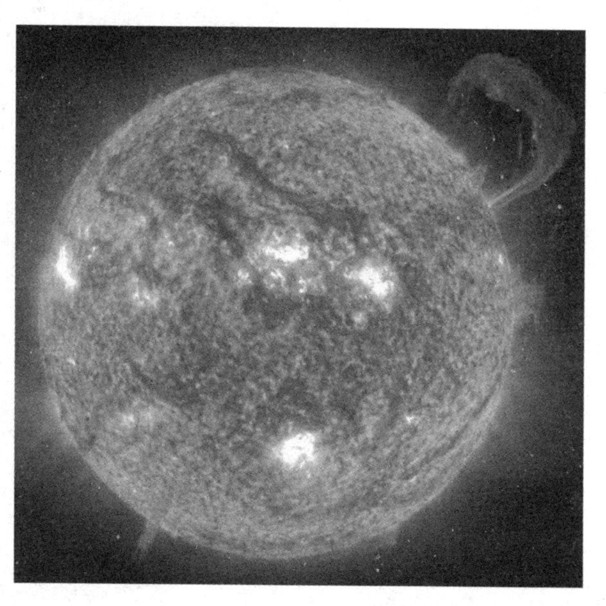
太阳

在太阳系里有许多小行星，最大的小行星直径达到 1000 千米。1898 年，有人发现一颗很小的小行星，叫做爱罗斯，这是希腊神话中爱神的名字，天文学家把它定为 433 号。它的直径为 23 千米。1931 年，这颗小行星运行到离地球最近的地方。当时世界上有 20 多个天文台，动用 32 架望远镜对准这颗小行星，希望通过这次观测能精确地测定太阳和地球之间的距离。他们将观测结果寄给国际天文协会“太阳距离委员会”的主席。这位主席的助手们花了 10 年的时间才把结果算出来。从这颗小行星离地球的距离算出太阳和地球平均距离是 14 900 万千米，误差只有 1.4 万千米。

太阳有多大

由于地球围绕太阳公转的轨道是椭圆形的，所以地球离开太阳有时候远一些，有时候近一些。地球和太阳的距离在 7 月初为最远，1 月初最近。这样，我们所看到的太阳的大小即角直径也随着变化，不过只相差 3%。如果我们对天象感兴趣的话，就会留意到 1 月的太阳看来比 7 月的太阳稍微大一点。角直径的平均值是 31 分 59.3 秒。从这个数据和距离可以算出太阳的直径等于 139.2 万千米，是地球直径的 109 倍。

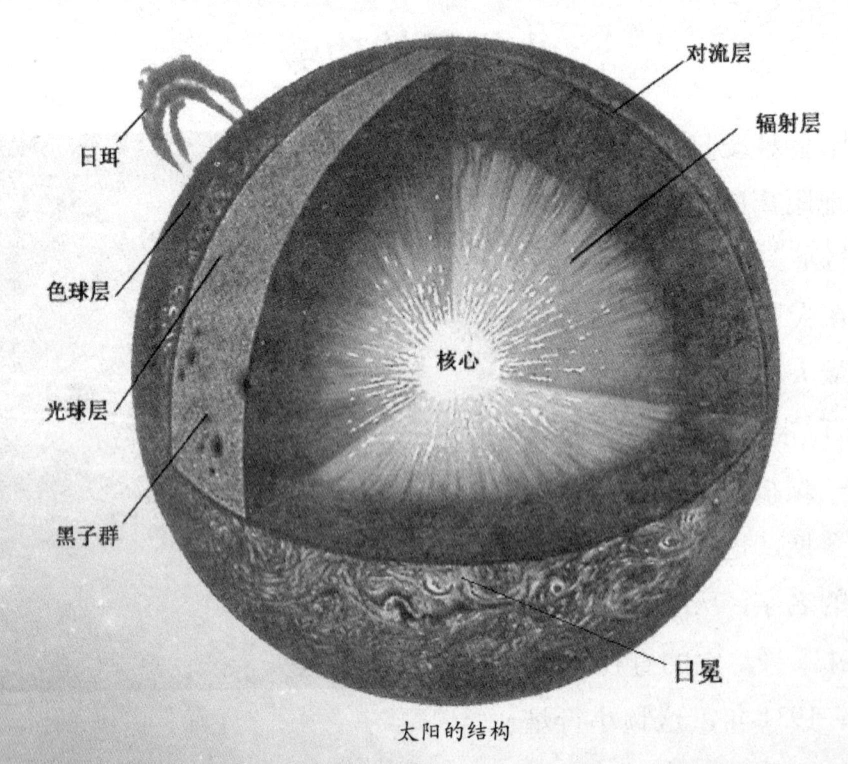

太阳的结构

那么，太阳究竟有多大呢？如果我们把地球直径假定为1米，那太阳的直径将是109米，体积等于地球的130万倍。假如太阳是个空心球，要用130万个地球才能填满。从行星的运动定律，可以算出太阳的质量等于地球的质量33.3万倍。太阳质量占整个太阳系的99%。我们算出地球的质量是60万亿亿吨，那太阳的质量几乎为2000亿亿亿吨。

太阳的形状几乎是圆球形的，但在早晨和傍晚看到的太阳要比中午看到的略为扁一些。那是大气折射的缘故。在早晨和傍晚看到的太阳好像比中午大得多。这是一种心理上的“视错觉”。因为太阳在升起和落山时靠近地平线附近，人们将太阳和附近的树木、建筑物作为参照物对比，所以就感觉太阳大一点。而中午时，是以天空为背景，所以太阳就显得小一点。实际上，太阳的角直径在任何时候都是一样大的。

光和热的“圣地”

太阳为什么会发光？太阳是否永远这样给我们输送光和热呢？现在就让我们一起来探索太阳吧！

太阳和地球一样，也有大气层。太阳大气层从内到外可分为光球、色球和日冕三层。

光球层厚约5000千米，我们所见到太阳的可见光，几乎全是由光球发出的。光球表面有颗粒状结构——“米粒组织”。米粒组织的形状像一串串珍珠。光球上亮的区域叫光斑，暗的黑斑叫太阳黑子，黑子是光球层上的巨大气流旋涡，大多近椭圆形，在明亮的光球背景反衬下显得比较暗黑。太阳黑子的活动具有平均11.2年的周期。

米粒组织

日冕

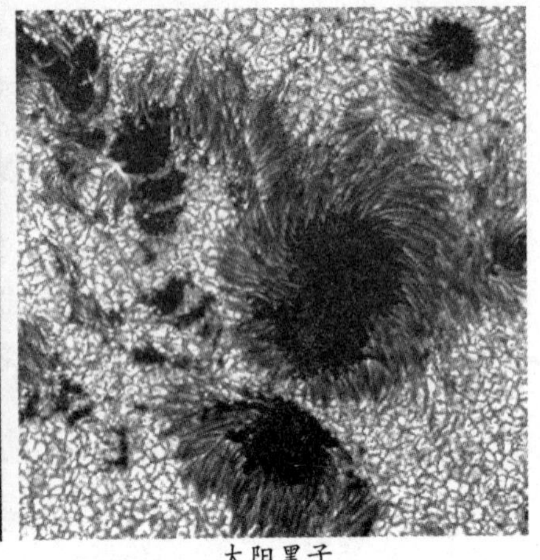

太阳黑子

从光球表面到2000千米高度为色球层，它得在日全食时或用色球望远镜才能观测到，在色球层有谱斑、暗条和日珥，还时常发生剧烈的耀斑活动。

色球层之外为日冕层，它温度极高，延伸到数倍太阳半径处，用空间望远镜可观察到X射线耀斑。日冕上有冕洞，而冕洞是太阳风的风源。日冕也得在日全食时或用日冕仪才可观测到。当太阳上有强烈爆发时，太阳风携带着的强大等离子流可能到达地球极区。

光球

光球好像是太阳的一扇敞开的大门。我们地球上接受到的光和热，是从光球上发出来的。人们出于对太阳的崇敬心情，便称誉光球层为光和热的“圣地”。光球的厚度有几千米，与太阳半径70万千米相比，假如太阳像一只苹果的话，光球的厚度简直比果皮还要薄。

从光球射出的充满能量的洪流中，只有很少一部分才能到达地球，给人类带来了光、热和生命。地球上从太阳得到的能量，相当于现在地球上所有发电厂发出能量的10万倍。而这能量仅仅占太阳总辐射的22亿分之一。

从19世纪开始，就有科学家在探索恒星能源之谜，主要是为太阳计算“能量账”。人们对太阳能量的认识经历了从化学能、引力收缩能、核

知识链接

太阳的邻居——比邻星

比邻星是我们太阳系的邻居。它的质量是太阳的1/7，直径是太阳的1/6，光度只有太阳的17/10000。它是一颗颜色暗红的矮星，但有时会突然变亮，所以又叫变星。

这位近邻离我们为4.27光年。这数字与地球绕太阳公转轨道的直径3亿千米相比较，类似于140米比1毫米。我们要想和它联系，打一次电报，也要在太空中传上4年3个月才能到那儿。8年6个月才能收到回电。如果宇宙飞船的速度为每秒16千米，飞到比邻星，要8万年才能到达。

贝特

裂变能一直到氢氦聚变能的几种假设过程。

最简单的一种假设是把太阳当做一个熊熊燃烧的“大煤球”。但通过计算得到，像太阳这么大的煤球用1500年就会燃烧光，这显然与事实不符。

19世纪一位物理学家认为，太阳的气体在收缩，从而放出能量。按照这种说法，太阳的寿命也只有2千万年。直到20世纪30年代，美籍德国物理学家贝特等提出氢核聚变为氦的热核反应原理，才真正揭开了太阳或者恒星能量来源之谜。这项研究成果使贝特荣获1967年诺贝尔物理学奖。

我们天天看见的太阳，原来就是一个以原子能为动力的极其巨大的工厂。

在太阳内部存在着绝对温度1500万度以上高温度、高密度、超高压的环境。在这种条件下，氢原子核激烈碰撞，就结合成氦原子核，同时释放出极大能量。1克氢可燃烧放出20万千瓦小时电能。也就是说，1克氢聚变成氦，就有0.0069克的质量转化成1500亿卡的能量。太阳每秒发出的能量相当于消耗质量450万吨。太阳失去的质量虽然很惊人，但与目前太阳的质量2000亿亿亿吨相比，只不过在一大堆沙子中，丢失一粒沙子而已。所以，太阳用这种方式燃烧，过100亿年也只消耗自己质量的1/10。我们还可以安享太阳光和热50亿年之久，50亿年以后太阳才会寿终正寝。

四、我们的太阳系

太阳系好比一个“大家族”，太阳是一家之长。家族中的主要成员可分为：大行星、矮行星、小行星、卫星、彗星和流星体等等。如以地球轨道为界，在轨道内侧为内行星——水星、金星；轨道外侧为外行星——火星、木星、土星、天王星和海王星。按质量、大小和化学组成的不同进行分类，行星可分为类地行星和类木行星。

行星是怎样运动的

从行星围绕太阳运行的轨道上可以看到，我们的地球在第三个圆圈上。

那么，行星是怎样运动的呢？对此，开普勒发现了行星运动三大定律。

第一定律：所有行星围绕太阳运行的轨道都是几乎椭圆的，太阳在这个椭圆的焦点上。

地球在离太阳的第三个轨道上

第二定律：行星和太阳之间的连线所扫过的面积和所花的时间成正比。

这就是说，行星的速度随着它在轨道上的位置而变化。如下图所示，行星在AB弧时，是按平均速度运行的；在CD弧的位置上，它的速度极大；当它远离太阳，如在EF的这些位置上时，它的速度极小。当地球在近日点时（1月2日），它的速度达每秒30.27千米。可是当它在远日点时（7月2日），其速度为每秒29.28千米。

行星运行示意图

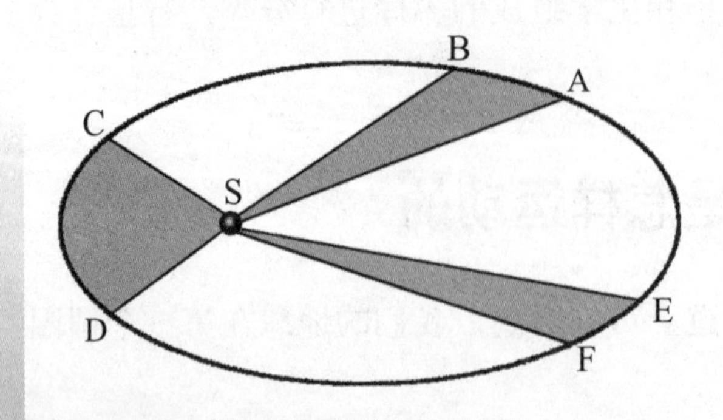

第二定律示意图

第一定律告诉人们行星运行轨道的形状。第二定律说明行星在轨道上运行的速度是按一种可以计算的方式在变化的。这两个定律的发现，打破了两千年来认为天体只能做匀速圆周运动的理念，使哥白尼的日心说与观测结果相符合。

开普勒找到上面两条定律后并不满足，他感觉到太阳系各行星之间还有某种关联。开普勒用了10年时间找到了这种关联，就是他发现的第三定律。

第三定律：行星绕太阳运行的周期的平方，和它们的运行轨道半长轴的立方成正比。

开普勒将这定律发表在他1619年出版的《宇宙和谐论》中。

行星运动三大定律的发现，使日心说更加完善。但这三大定律是从观测总结的经验得出的，没有经过理论上的证明，没能说明按其规律在轨道上运行的原因。要使日心说上升到理论，必须要有第四定律，那就

知识链接

太空的立法者

约翰内斯·开普勒于1571年12月27日出生在德国的魏尔市。小开普勒居住在祖父家，5岁时得了天花，一只手半残，体质很弱，但开普勒坚持努力学习。

1587年，开普勒得到奖学金在蒂宾根大学学习。大学里有一位数学教授马斯特林，不顾当局的禁令，向开普勒讲解哥白尼的日心体系的原理。后来，开普勒前往布拉格，与卓越的天文观测家第谷一起专心地从事天文观测工作。

第谷在临终前，将自己多年积累的天文观测资料全部交给了开普勒，叮嘱开普勒要继续他的工作。

经过反复计算，开普勒终于发现火星的公转轨道不是过去认为的圆形，而是椭圆形的，并断定它运动的线速度跟它与太阳的距离有关，从而发现了行星运动的三大定律，被世人誉为“太空立法者”。

约翰内斯·开普勒

是前一章提到的17世纪的牛顿在开普勒三大定律基础上发现的万有引力定律。牛顿曾说："如果我比别人看得更远一些，那是因为我站在巨人们的肩上。"开普勒无疑是他所指的巨人之一。

艾萨克·牛顿

万有引力定律叙述为：物质相互吸引，其强度与质量成正比，并与距离的平方成反比。例如一个物体在两倍远处，引力便为原来的1/4；在三倍远处，引力就为原来的1/9……一般物体与物体间的万有引力很小，但在质量大的天体间，万有引力是很大的。打个比方：如果用地球和太阳之间的引力（大约为3.56×10^{22}牛顿），去拉直径是9000千米的巨大钢柱的两头，足可以把它拉断。为什么行星围绕太阳运行时，既不飞离太阳，也没有被太阳吸引过去呢？就是因为引力和离心力相平衡的缘故。太阳系其他卫星和彗星的运动都遵循这些定律。

牛顿的万有引力定律解释了行星为什么绕太阳运动、为什么会按开普勒定律那种方式运动，这是太阳系理论的核心问题。牛顿的万有引力定律也适用于整个宇宙。难以计数的每一颗类似太阳的恒星，都这样管辖着自己的世界。它们就这样在茫茫宇宙中，互相悬空在万有引力的神奇结构里，有规律地运动着。一切是那么的和谐和美妙。宇宙里的这种和谐，正如毕达哥拉斯所说的那样："只有凭借智慧的探索，才能欣赏它的美妙。"

太阳系的边缘

太阳系到底有多大？它的边界在什么地方？

当哥白尼提出日心说的时候，土星是太阳系的边界。后来，英国天文学家赫歇尔发现了天王星，使太阳系的疆土一下子翻了一番。再后来，德国天文学家伽勒发现了海王星，美国天文学家汤博发现了冥王星，太阳系行星的边界一次次向外延伸。那么，现在边界在哪里？太阳系里是否存在第十颗大行星？为此，天文学家做了难以想象的、艰苦的搜寻和计算工作。

冥王星的发现者汤博，曾经花费了 14 年的时间，用发现冥王星的方法寻找冥外行星。但是仍然一无所获。1950 年，有人在计算一颗遥远彗星的轨道时，认为在冥王星之外应当存在一颗大行星，并计算了该行星与太阳的距离是 77 天文单位。然而，天文学家用望远镜搜索了好几年，也没有找到这颗预想中的大行星的踪影。所以从 1930 年到 1992 年的 60 多年里，人们对太阳系的认识一直停留在冥王星的范围内。冥王星成了太阳系的边缘。

奇特的柯伊伯带

不料事情有了转机。1992 年 9 月，天文学家使用夏威夷大学 2.2 米口径的望远镜，在海王星轨道外发现一个小天体。它的直径达 200 千米。以后的十几年来，天文学家用望远镜发现了很多这类小天体。迄今已经发现 1000 多颗。就这样，人们对太阳系范围的认识一下子又扩大了许多。

早在 1951 年，美国天文学家柯伊伯曾有一个创想。他认为在海王星轨道外，应该有大量以冰雪为主要成分的小天体存在，它们仿佛是一群巨大的彗核，在远远地绕太阳运转。由于柯伊伯的预见，后来这些新发现的小天体带就称为柯伊伯带。

这些小天体的发现，对冥王星作为大行星的地位是最大的威胁。

柯伊伯带小行星

这些小天体的直径大多数在 100 千米以上。如 2002 年 10 月发现“夸欧尔”，直径为 1250 千米，超过冥王星的一半。2005 年 1 月 8 日用帕洛玛山的望远镜发现的一颗，直径为 2350 千米，比冥王星稍大，编号为“2003UB313”。它到太阳的平均距离约为冥王星的 3 倍。这颗天体的发现轰动一时，曾被称为是发现了太阳系第十大行星。

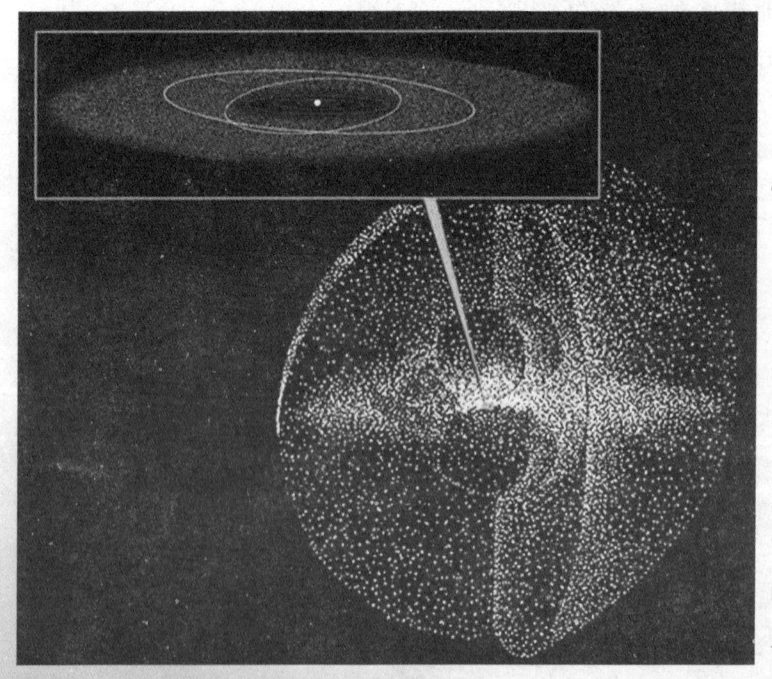
柯伊伯带想象图

使天文学家为难的是，如果将这颗“2003UB313”小天体定为第十大行星，那么接踵而来的发现，不是应该为“第十一”、“第十二”等许多大行星了吗？这无论从常识上还是从学术上都是不合乎情理的。而且按照冥王星目前轨道标准和大小，都应该归于柯伊伯带范围内的天体。

因而，许多天文学家认为，应该把冥王星从大行星行列中开除出去，归于柯伊伯带天体，太阳系行星重新恢复1030年前“八大行星”的叫法，这样一切就都名正言顺了。

冥王星降级为矮行星

就在天文学家们举棋不定时，2006年8月第二十六届国际天文学联合会（IAU）在布拉格召开。为了对冥王星的地位作出最终判决，国际天文学联合会进行了为期8天的激烈争论。8月24日，天文学家们在大会上通过决议，把太阳系大行星的数量修改为8颗；冥王星不再是大行星，而是太阳系中的一颗矮行星。于是，这颗1930年由美国人克莱德·汤博发现的冥王星失去坐了76年之久的行星宝座，降级成了太阳系的第一矮行星。太阳系的天体分类得到重新规范。这是天文学新的壮举。

9月7日，“冥王星”被国际小行星中心(MPC)授予134 340小行星编号。从此，柯伊伯带成为太阳系的边陲。

知识链接

行星的新定义

第二十六届国际天文学联合会大会对太阳系内的行星类型和小天体进行了比较明确的分类，将其划分为三类——行星、矮行星、太阳系小天体。行星和矮行星之间的区别主要在于：行星附近没有其他太阳系的天体，而矮行星附近有许多太阳系小天体。之所以作这样的划分，主要就是因为柯伊伯带内不断发现新的天体，而冥王星的轨道附近区域则包括柯伊伯带内的小天体。

行星之最——水星

点点繁星中，行星经常改变位置。有时顺行，向东运动；有时逆行，向西运动。“追星族”的朋友怎样才能不费多少工夫，就观测到这些行星呢？现在告诉大家一些方法，可以尝试一下。

在满天星斗的夜空，那眨眼的星是恒星，不眨眼的是行星。大行星的轨道几乎都在黄道上下几度出现。你面向南而立，就很容易找到它们。

水星常常躲藏在强烈的阳光里，很难一睹它的尊容。水星有几个之“最”：离太阳最近（距离太阳只有 5790 万千米）；受到太阳引力最大；在轨道上跑的速度最快（每小时 48 千米）；绕太阳运转的周期最短（一年只有 88 天）；水星上的一天最长（一天相当于地球上近 60 天）。由于它运行速度快，所以在希腊神话中，水星是脚穿飞鞋、手持魔杖神灵的使者。水星没有大气的调节，因此向着太阳一面，温度极高，而背着太阳一面，温度就很低，白天和夜晚温度相差最大达到 600℃。

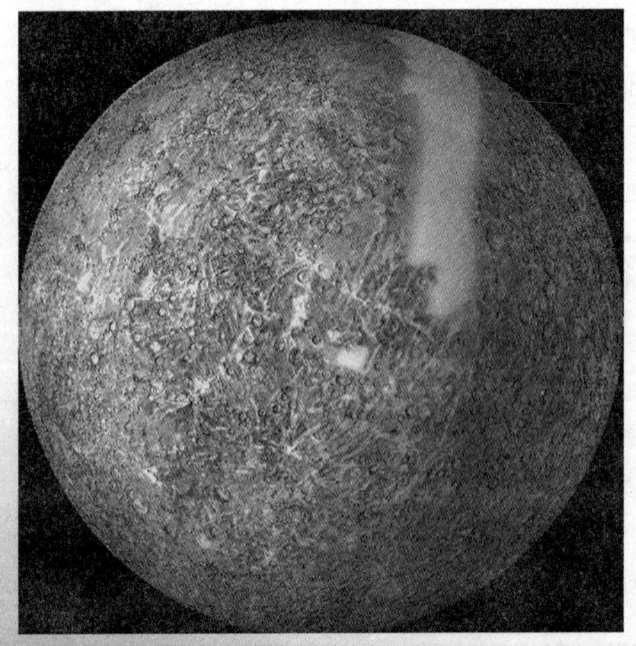

水星

观测水星的时间最好在太阳升起前一个小时，或太阳落下地平线后一个小时。一般用 6 ～ 8 厘米口径的望远镜。但由于水星离太阳近，所以要注意眼睛安全。而且水星出现在日升和日落的地平线附近，观测条件要绝对最佳才行。

知识链接

数学教师的奇异发现

太阳系的成员中，彗星的质量和行星相比小了许多。小行星和流星就更比大行星小得多了。而大行星到太阳的距离是稳定不变的。1766年，德国有一位名叫提丢斯的数学教师。据说他给学生讲述各大行星到太阳的平均距离时，同学们往往记不住这些数字，于是他想出了一个办法，在黑板上先写出一个数列，从第二个数起，后一数是前一数的二倍，即0、3、6、12、24、48、96、192……然后在每个数上加4，再除以10，得到的如下数列便依次是各大行星与太阳的距离：

戴维·提丢斯

0.4	0.7	1.0	1.6	2.8	5.2	10.0	19.6
水星	金星	地球	火星	？	木星	土星	天王星

以地球到太阳的距离为1个天文单位，其他数字恰好符合五大行星到太阳的平均距离，只有2.8天文单位处没有行星，那时只知道最远的是土星。1781年赫歇尔发现了天王星，它到太阳的距离也正好是19.6个天文单位。提丢斯的这种方法当时并没有传开，直到1772年，德国柏林天文台台长波德认为这些数字很有意思，才将它发表，后来天文学上就叫它为提丢斯一波德定则。

约翰·波德

启明星——金星

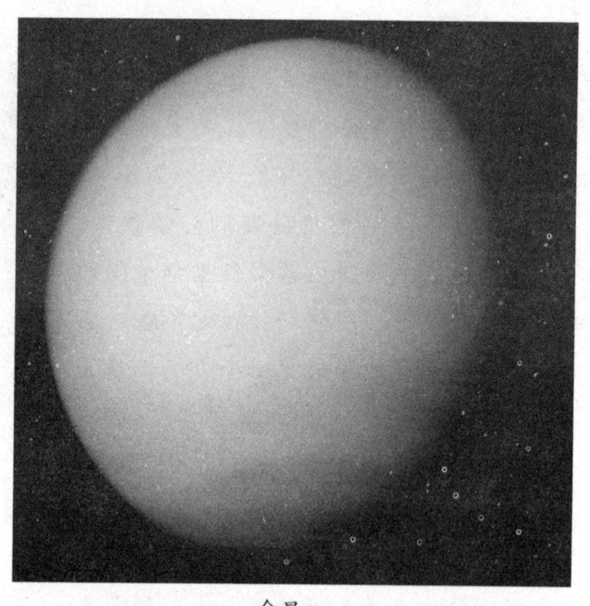
金星

观测金星要比水星容易得多。在日出前3小时或日落后3小时都能看到它光辉的身影。因此金星还有“启明星”或“长庚星”的称号（表示天将黎明或长夜来临的意思）。

金星表面覆盖着十分厚重的大气层，其密度是地球上的100倍。由于金星和地球之间的距离变化较大，金星的视直径也在变化。我们用肉眼就能观测到金星的位相变化，而且用小型的望远镜就能观测到金星位相变化的全过程。金星的轨道在地球轨道的内侧，当金星运行到太阳与地球之间，三者位于一条直线上时，同日食的道理一样，从地球上可以看到金星像个小小黑点似的，从日面掠过，这叫做金星凌日。在上一章里已经讲述过。金星凌日是很罕见的天象，如哈雷一辈子也没有看见过金星凌日。有幸的天文爱好者千万别错过！

小型地球——火星

火星在地球的轨道之外，从太阳往外数它是第四颗大行星。在望远镜里看到的火星，像一个橘红色的火点，因此天文学家把它叫做“火星”。

火星是众多天文爱好者的首选观测对象之一。不过，由于火星的轨道偏心率比较大，视直径又小，要真正看清楚它不是一件容易的事。但是，火星每相隔一段时间会有一次“冲日”，是观测它的好时机。冲有大冲和小冲，大冲是观测的最佳时机。但每次火星大冲要相隔 15 ～ 17 年。2003 年的大冲后，要等到 2018 年 7 月 27 日才能再出现。小冲大约每 26 个月一次，上一次火星冲日是在 2007 年 12 月 24 日。我们从地球上看，火星是在子夜中天。因此在冲日时，人们可以通宵达旦地观测到。当太阳从地平线上升起时，火星才从西边落下。它在整个夜晚都发出光芒。

“战神”玛斯

我们在黄道附近的星座中去寻找，很快就能认出这颗明亮红色的星球。火星上中天时，指向正南方，可以成为人们指引方向的指南针。观测火星，选择望远镜尤其重要。我们用双筒望远镜可以看到它的圆盘和两极的白色冰冠；用一架 80 厘米的望远镜，可以看到火星表面上的细节特征。在冲日时，如果挑选放大倍率较大的望远镜，可以看到曾经被人们误认为的“火星人开凿的运河”。

火星

火星冲日

知识链接

行星的“冲”和“合”

外行星环绕太阳公转的轨道在地球轨道的外围，距离太阳较远。火星、木星、土星、天王星和海王星都是太阳系中的外行星。

当外行星、地球及太阳三者连成一直线而地球在外行星与太阳之间时称之为“冲”，若地球及外行星分别位于太阳的两侧便称之为“合”。外行星“冲”时最接近地球，这是观测外行星的理想时间。

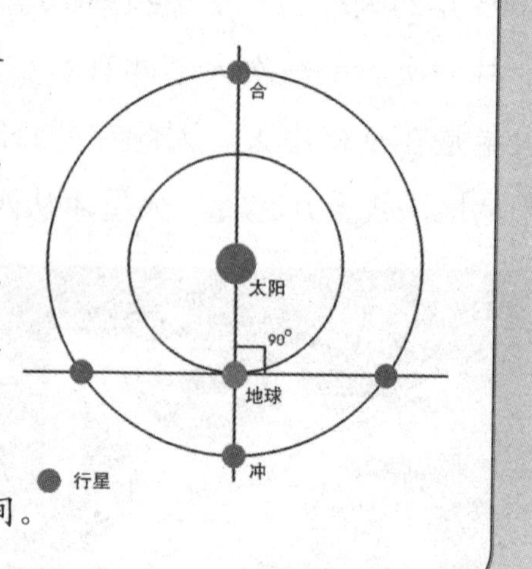

行星之冠——木星

木星的直径比地球直径大11倍；如果把地球直径缩小到10厘米的小柚子那样大，那么木星就相当于一个直径为1米多的大气球。它表面

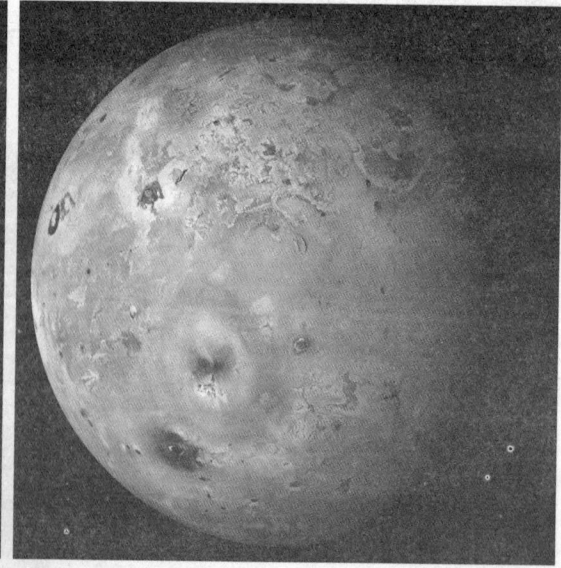

木星和伽利略卫星

大红斑

上覆盖着厚厚的彩色云层，大气的厚度超过地球的10倍。木星离太阳非常遥远，照射到木星上的太阳光和热很少。但为什么它那么明亮呢？这是因为木星非常大，而且它的云层比地球更能反射太阳光。

我们只要支起一架小型望远镜，就能观测到这个遥远世界的许多颇有特色的景致。

在地球上，一年中有10个月可以观测木星。尤其在木星冲时，整个夜晚都能看到。因此，木星有夜半明星的美称。由于观测它比较容易，初学者要观测行星，最好就从木星开始。

木星有个明显特征，就是它表面有横过它圆轮的平行带子，那是木星表面上的明暗斑纹；还有形状如眼球的大红斑，它的大小足够容纳好几个地球呢！木星的自转周期是10个小时，大红斑出现有5个小时，每10分钟移动6度。这些都可以用小型望远镜观测到。

观测大红斑的移动，可以了解木星的自转。另外用望远镜对着木星，可以很清楚地看见木星旁边的4颗伽利略卫星；看到它们围绕木星自转、东来西往，在木星的两侧不断地交换位置。因此木星的卫星可以帮助我们定时刻，对大洋中的航船来说，仿佛就是航海家的时钟。

木星环

光环的使者

土星和它的光环

土星光环的变化

土星处于木星外侧，在太阳系家族中排行老二，是我们用肉眼能看清的最远的行星。土星的大小是地球的9.5倍，仅次于木星。它的体积是地球的745倍，但它的体重却只有95个地球那么重，是太阳系中唯一比重比水还轻的星球。假如有足够大的海洋，土星将漂浮在海面上而不会沉下去。

土星在恒星背景中运行很慢，亮度也在变化。想从茫茫星海中将恒星和土星区分开来，并不容易。要观测土星，得首先查寻土星附近的星座，再来辨别土星。土星比较稳定，不像恒星有闪烁；土星带有土黄色，永远呈现为一个星点。其他没有什么特殊之处。看到它最好是在冲日。每次大冲的时间相隔1年14天，最佳观测时期为2007年2月10日、2008年2月24日、2009年3月8日、2010年3月22日……

冰块微粒组成的土星光环

土星光环

如果要一睹土星的芳容，用一架标准的望远镜，就能看见一个小圆盘的形状。在圆盘的两旁出现突出物，那就是土星的光环。伽利略用他的望远镜观测土星后说：“土星长耳朵了！”如果用口径 5 ～ 6 厘米、60 倍的望远镜就可以看到土星光环的全貌。

躺着的行星

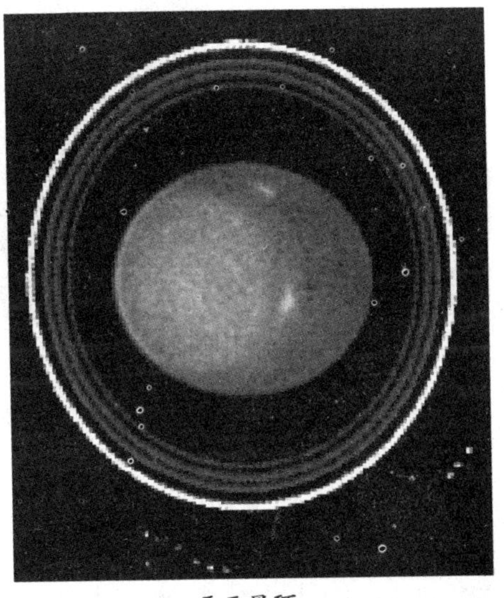

天王星环

1781 年 3 月 13 日，发现银河系的天文学家赫歇尔在他妹妹加罗琳的陪同下，用自己制造的口径为 16 厘米、焦距为 213 厘米的反射望远镜，对着夜空热心地进行巡天观测。他们发现有一颗很奇妙的星，它好像是恒星，但不是一闪一闪地发光，这引起了他们的怀疑。第二天，他们又进行观测，看到这颗星在移动。经过一年多的观测，在当时人们已习惯把土星当作是太阳系边界“看守者”的情况下，赫歇尔兄妹勇敢地推翻前人的观点，确认这颗星是第七颗新行星。

在太阳系中，所有的行星都遵循着自转轴和公转平面接近垂直而运动，唯独天王星的自转轴几乎倒在它运行的轨道平面上，所以人们形象地把天王星比喻为“躺着的行星”。

由于天王星的发现，一下子把太阳系扩大了一倍。天王星用肉眼不容易看得见。用小型的望远镜可以看见它像恒星状的一点，稍微大倍率的望远镜能看见天王星青绿色的圆盘形状。

笔尖下发现的行星

勒威耶

自从赫歇尔发现天王星以后，人们又发现天王星在轨道上不停跳着“摇摆舞”，观测位置和计算的理论位置不符合。有人猜想，肯定在天王星轨道外有个未知的行星在“诱惑”着它。英国剑桥大学的22岁大学生亚当斯，应用天体力学定律，经过两年时间的计算，终于在1845年10月21日把这颗天外行星的轨道计算出来。他很高兴，马上将结果寄给了英国格林尼治天文台台长艾里，请求他用天文台的大型望远镜来观测这颗行星。不料，这位台长把这个年轻人的计算结果束之高阁。

与此同时，法国的一位年轻天文学家勒威耶也在独立地为此进行计算。计算是十分复杂的，有33个方程式，但没有使他望而却步。他不分

亚当斯

寒冷和炎热、不分白天和黑夜地攻克。计算终于得到解答。勒威耶把结果寄给了柏林天文台年轻的天文学家伽勒。伽勒和他的助手根据勒威耶计算出来的新行星的位置，第二天晚上就把望远镜指向了黄经326度宝瓶星座的一个天区，只用了30分钟就发现了一颗在星图上没有标出的8等星，找到了第八颗新的行星——海王星。后来，天文学家经过观测，证实了这颗行星的存在。太阳系第八颗大行星——海王星的发现是天文史上杰出贡献，这一发现，可以说是计算的辉煌胜利。

从1781年赫歇尔发现天王星，到1846年发现海王星，相隔65年。

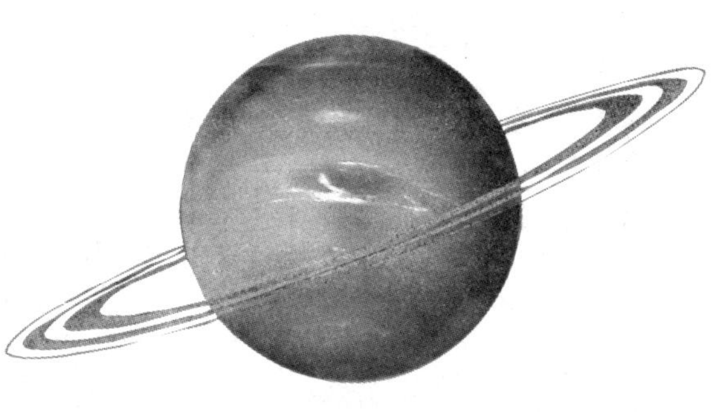

海王星和光环

五、恒星的世界

我们仰望天空，看到的除了太阳系内的五大行星和流星、彗星以外，再就是满天星斗，那些都是恒星。它们之所以被称为“恒星”，是因为古人认为它们恒定不动；在很长的时间内，用肉眼看不到它们有什么变化。其实，恒星不“恒”，它们都在运动着，只是由于离开我们非常非常遥远，用肉眼觉察不到。

疏散星团

恒星与行星的一个最重要的区别，就是它们像太阳一样

伽利略望眼镜

自己依靠核反应产生能量，在相当长的时间内稳定地发光、发热。由于离我们很远，恒星看上去只是一个闪烁的亮点。

望远镜发明以后，人们才明白用肉眼看到的大约 6000 颗星星只占宇宙中一个极小的角落而已。

群居的恒星世界

现已确认，恒星就是在一些物质密度较大的分子云中产生的。有些分子云至今还在形成新的恒星。通常，质量非常大而浓密的分子云，会碎裂成一些较小的团块。这些团块的大小约等于恒星直径的几百万倍。

昴星团、毕星团和巨蟹星座中的鬼星团

昴星团

这些云团因为内部物质的引力作用，开始迅速收缩。在大约几十万年之后，在云团中心形成了一个高温、高压、高密度的气体球，并在其核心触发了由四个氢原子核聚变成一个氦原子核的反应，释放出大量的热和光，成为恒星。

恒星的群居是一种很普遍的现象。有双星、三合星、五合星等，还有 5 ～ 10 颗或更多的恒星聚集在一起的，称为聚星。更多的星星抱成一团时便形成了星团。

星团按形态和成员星的数量等特征分为两类：疏散星团和球状星团。球状星团呈球形或扁球形，与疏散星团相比，它们是紧密的恒星集团。这类星团包含 1 万～ 1000 万颗恒星，成员星的平均质量比太阳略小。用望远镜观测，在星团的中央恒星非常密集，难以辨别。

球状星团的直径在 16 ～ 350 光年范围内，成员星平均空间密度比太阳周围密度约大 1000 倍。如果那里存在智慧生命，他们的星球就没有昼夜之分，因为到处都有类似太阳的恒星照耀着。

疏散星团则形态不规则，它的成员星分布得比较松散，用望远镜观测，容易将它们一颗颗地分开辨认。少数疏散星团用肉眼就可以看见，如金牛星座中的昴星团 (M45)，在古代，都把昴星团称为“七姐妹星”，七仙女下凡与董永悲欢离合的爱情故事就是由此而来。还有毕星团、巨蟹星座中的鬼星团（M44）等等，离我们也比较近。

银河系

银河系是什么

提起银河，你一定会很熟悉。夏天夜晚，当你漫步在广袤的田野中，仰望星空中的那条银河，它就像乳汁铺成的道路，界限模糊，横跨于星座之间而高高悬挂在天穹上，宛如奔腾的急流，一泻千里。著名的中国民间传说牛郎织女七夕相会的爱情故事，描述了人们对银河美妙的遐想。其实在太空中，牛郎和织女两星相距 16 光年，打电报交换一次信息都要 32 年之久，怎么可能一夜之间相遇呢？

银河系究竟是什么？古希腊一些大学者推测银河是一大片星星组成的“云”，但大多数人相信银河是地球大气层发光的表现。

为我们揭开银河系面纱的是天文学界两位伟人。一个是坚强不屈的学者布鲁诺，另一位天文学的巨人是威廉·赫歇尔。

布鲁诺，意大利思想家。他 17 岁进入圣多米尼加修道院。28 岁时，他离开修道院，用讲演、讲课等不同形式反对地心说，宣传哥白尼日心

布鲁诺

说的新思想。

1592年，布鲁诺被骗到威尼斯并遭逮捕，在囚室的8年中他英勇不屈。最后，于1600年2月被教会烧死在罗马鲜花广场。他在《论无限宇宙和世界》一书中发展了哥白尼的宇宙结构，认为“宇宙是无限大的，其中的各个世界是无数的”，“恒星并不是镶嵌在天穹上的金灯，而是跟太阳一样大、一样亮的太阳”等。

英国天文学家威廉·赫歇尔曾是一位乐师。他生活清贫，利用业余时间钻研天文学，是个最狂热的天文爱好者。他自己动手制作望远镜，1779年起就利用自己磨制的望远镜观测天空。威廉·赫歇尔因为磨镜而不能用手吃饭，他的妹妹卡罗琳·赫歇尔就一口一口喂他吃。赫歇尔不知疲倦地工作着，终于成为制作望远镜的一代宗师。他一生磨出的反射镜面达到400多块，成功地观测了星云、土星光环、月球表面、太

威廉·赫歇尔

阳黑子。尤其在 1781 年，他发现了天王星，对天文学做出了卓越贡献而轰动世界。

赫歇尔用他自己制作的一流望远镜进行各个方向的巡天观测，并且一颗一颗地数各个方向所能观测到的恒星数。他和妹妹花费了十几年的时间，观测了 1083 次，数出了 117 600 颗恒星。赫歇尔发现，越靠近银河，单位面积天空中的恒星数越多；在银河平面内的星星最多，而在垂直的方向上亮星就很少。赫歇尔通过计星的数目，确定了我们银河系的形状、大小。他推测其中的恒星数目大约有若干亿，这比今天所知道的数字小一些，但赫歇尔是真正发现银河系的人。

他还编制了数以百计的双星表，并编制星云和星团表，包括 2500 个星云和星团。他是天文学上的巨人，是恒星天文学之父，1821 年成为英国皇家天文学会第一任会长。

之后，几位天文学家经过精心观测和推测，确认天空中的确有许多像太阳一样的天体，这就是恒星。众多的恒星组成了庞大的体系，而银河系就是其中的一个体系。

荷兰天文学家卡普坦在赫歇尔的基础上，又进行了计数技术上的改进，用照相技术计数，这要比赫歇尔的计数能力扩大了许多。他提出银河系的大小是赫歇尔估计的 9 倍。赫歇尔和卡普坦都认为太阳位于银河系的中心，他们依靠光学望远镜对银河系作了长久的观测和研究，取得了越来越精密的研究成果。1885 年美国天文学家沙普利，通过对球状星团造父变星的研究，指出太阳不在银河系的中心。荷兰天文学家奥尔特在 1927 年提出了银河系在旋转的结论，并计算出太阳位于距银河系中心大约 3 万光年处，而不是沙普利指出的 5 万光年。1951 年，美国哈佛天文台的科学家首先观测到来自银河系的 21 厘米氢原子发射的谱线信号，通过这种光谱可以了解银河系的结构。

用可见光观测到的银河

银河系的结构

在宇宙间，庞大的银河系也只不过是一粒尘埃。用射电望远镜对不同的波段观测效果是不一样的。下图是用红外光观测到的银河，而上图则是用可见光观测到的银河。由于红外光可以透过尘埃，我们看到它的核心部分是鼓出来的，大量明亮的恒星和暗黑的尘埃带在这里聚集，璀璨夺目。这是银河系里恒星密度最大的区域，厚度约为1万光年。核心中间的“银核”是银河系里最神秘莫测的区域，到现在天文学家还不清楚“银核”到底有多大。如果没有星际气体和尘埃将银核层层包裹，我们可以观测到一个比满月时还要耀眼的银核。远在26 000光年之外的地球人类，通过射电望远镜，可以接收到来自银核里的超强电波，这电波犹如一台功率超强的宇

用红外光观测到的银河

半人马星座 A

宙电台。半人马座 A 就在这里，它的直径约为 1.5 亿千米（与日地距离相当），但所包含的物质质量却至少比太阳大几十万倍。

银河系内有 2000 多亿颗恒星，只是由于距离太远，无法用肉眼辨认出来而已。由于星光与星际尘埃气体混合在一起，因此看起来就像一条烟雾笼罩着的光带。而我们“不识庐山真面目，只缘身在此山中”，所看到的光带，实际上是置身其中，侧视银河系时看到的、布满恒星的圆面——银盘。

银盘直径约为 10 万光年。厚度是 3000 ～ 6500 光年。银盘中央是直径 1.5 光年的“银球”。银球的中心就是银核。银盘内含有大量的星际尘埃和气体云，聚集成了颜色偏红的恒星形成区域，从而不断地给星系补充炽热的年轻蓝星，组成了许多疏散星团或称银河星团。已知的这类疏散星团有 1200 多个。银盘四周包围着很大的银晕，它的直径为 30 万光年。银晕中散布着恒星和主要由老年恒星组成的球状星团。银晕之外，还有极稀气体组成的银冕。

从地球上看银河，它遍布尘埃，将银心包裹得严严实实，从我们所处的角度很难确切地知道银河系的形状。但随着近代科技的发展，探测手段的进步使人们揭示出银河系具有某些想象不到的特征。2005 年，美国威斯康星州的两名天文学家在对银河系形状进行长达 6 年的研究后，绘制出了迄今最准确、最精细的银河系面貌图。他们根据“斯必泽”红外空间望远镜的观测，发现银河系的银核部分稍带棒形，可能是一种棒旋星系，由年龄较老的恒星组成，长度约为2.7万光年。更出人意料的是，这“星棒”并不与银道面平行，而是在太阳和银核之间那条连线的45度角上，斜插入银河系，太阳系在这个星棒之外。另外，银河系是一个比较活跃的星系，银核有强烈的宇宙射线辐射，在那里恒星以高速围绕着一个不可见的中心

知识链接

银河系旋臂之谜

威廉·威尔逊·摩根

20世纪中叶，天文学家摩根对银河系内的星云物质进行了系统研究，第一次发现它们像绳子一样分布，下图就是所谓银河系“旋臂”的截面。

经射电图像证明，银河系有4条主要旋臂。从核球延伸出去的有：英仙座旋臂，矩尺座和天鹅座旋臂，南十字座和盾牌座旋臂，船底座和人马座旋臂。另外，银河系还有至少两条小旋臂，其中之一是猎户座旋臂，我们的太阳系就位于这个猎户座旋臂的内侧面。

现在，天文学家已经知道旋臂是恒星进进出出而形成的恒星密度大的地方，但为什么会形成这样的密度，还是一个没有解开的谜。

在银河系旋臂之外，还有一圈由恒星和气体组成的“恒星环”。恒星环的总质量在2700万太阳质量到5亿太阳质量之间，厚度约16 000光年。这个环可能是由数十亿年前银河系与其他星系碰撞时所捕获的气体和恒星形成的。

旋转。这表明在银河系的核心有一个超大质量的黑洞。

深空中的“岛屿”——河外星系

如果说银河系是一个宇宙中的“岛屿”，那么在广袤无垠、浩瀚辽阔的宇宙空间中，还有数不清的像银河系一样的“岛屿”，它们均匀地分布在离我们极为遥远的太空里，它们的名字就叫河外星系。

河外星系是怎样被发现的呢？早在两百多年前，法国天文学家梅西耶为星云编制的星表中，编号为M31的星云在天文学史上有着重要的地位。初冬的夜晚，熟悉星空的人可以用肉眼在仙女座内找到它——一个模糊的斑点，俗称仙女座大星云。从1885年起，人们就在仙女座大星云里陆陆续续地发现了许多新星，从而推断出仙女座星云不是一团被动反

仙女座大星云

知识链接

银河外天文学的奠基人

1889年11月20日，埃德温·鲍威尔·哈勃出生于美国密苏里州。少年时的哈勃在学习和体育方面就已经出类拔萃。他在芝加哥大学读书时受到著名天文学家海尔的影响，对天文学产生了兴趣。

哈勃首先揭开了星云之谜。他用威尔逊天文台的世界上最大的反射望远镜拍摄到一些旋涡星云的照片。他在分析一批造父变星的亮度以后断定，这些造父变星和它们所在的星云距离我们远达几十万光年，因而一定位于银河系外。这说明在银河系之外存在许多其他的星系。

埃德温·鲍威尔·哈勃

1922年，哈勃将星云分为“银河星云”和“非银河星云”，然后再精心分成若干次类。哈勃将庞大复杂的星系从无序列变成了有序列。至今天文学上仍在延用哈勃的星系分类法。

哈勃对天文学的最大贡献就是发现宇宙是在膨胀的。1929年，哈勃发表了论文《河外星云距离与视向速度的关系》，他论证了所有星系都在急速离我们而去，距离我们越远的星系，它的退行速度就越大，两者存在正比关系。这就是闻名于世的“哈勃定律”。哈勃定律为宇宙膨胀提供了有力的观测佐证。

射光线的尘埃气体云，而是由许许多多恒星构成的系统。这个系统里恒星的数目一定极大，这样才有可能在它们中间发现那么多的新星。如果测定这些新星最亮时候的亮度，和在银河系中找到的其他新星的亮度是一样的，那么就可以大致推断出仙女座大星云与我们的距离远远超出了我们已知的银河系的范围。但是由于用新星来测定的距离并不很可靠，因此引起了争议。

直到 1924 年，美国天文学家哈勃用当时世界上最大的 2.4 米口径的望远镜四处眺望，看到了散布在太空中的许多河外星系。他估计在望远镜的视力范围内大约有 1 亿个河外星系；从最暗弱的星系发出的光，已经旅行了超过 10 亿年的漫长岁月。

哈勃在仙女座大星云 (M31) 的边缘找到了一种特殊的恒星，被称为“量天尺”的造父变星。这造父变星可算是天文学中的标准“烛光”。它有个特点：只要测出它的亮度，就能算出星系离我们多远。为此哈勃利用造父变星的光变周期和光度的对应关系定出了仙女座星云的准确距离，计算出仙女座星系距离我们 90 万光年。从而证明它确实是在银河系之外，也像银河系一样，是一个巨大、独立的恒星集团。被称为仙女星系。

千姿百态的“宇宙岛”

目前，天文学家发现有 1000 亿个各种各样的河外星系。下面的图中仅仅是一小部分，其中每一个点就是一个星系，用 4 亿光年的距离来看就有这么多。

这些宇宙中的“岛屿”，它们的外观和结构也是千姿百态的。其中大量的成员与银河系一样，核心部分表现为球形隆起（称为核球），核球外则为薄薄的盘状结构，从星系盘的中

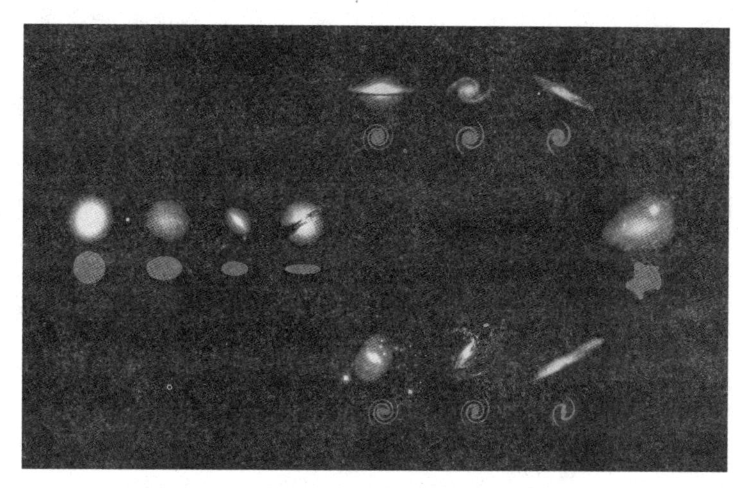

宇宙画廊——椭圆星系、不规则星系、旋涡星系、双重星系、车轮星系、天线星系、星系相互作用星系群

碰撞星系

央向外缠卷有数条长长的旋臂，这就是所谓的旋涡星系。根据星系的核球大小和旋臂的伸展程度将旋涡星系分成 Sa、Sb、Se 三个次型。也有许多星系呈现椭圆形或正圆形，没有旋涡结构的称为椭圆星系。椭圆星系

知识链接

宇宙大碰撞

《宇宙大碰撞》是上海科技馆第一次参与国际合作制成的科教片。参与该片制作和审订的有 100 多名国际知名物理学家、天文学家和美国宇航局等国际机构，包括 25 位世界顶尖科学家，以确保影片的科学性，并用最先进的计算机动画制作和最新的天文学观测资料，创造了让人兴奋和震撼的三维立体体验，使观者对宇宙的秘密有身临其境的感觉。

宇宙中的碰撞无处不在。无论是比原子更小的微粒，还是庞大无比的星系，这些人类肉眼无法看到的空间的碰撞，无时无刻不在伴随着我们，演绎星际间最复杂与神秘的过程。碰撞是可怕的。6500 万年前的小行星碰撞地球，使地球上 3/4 的物种灭绝，曾在地球称霸不可一世的恐龙也难逃此劫。碰撞又是令人惊喜的，它孕育了新生，当然也包括人类在内。

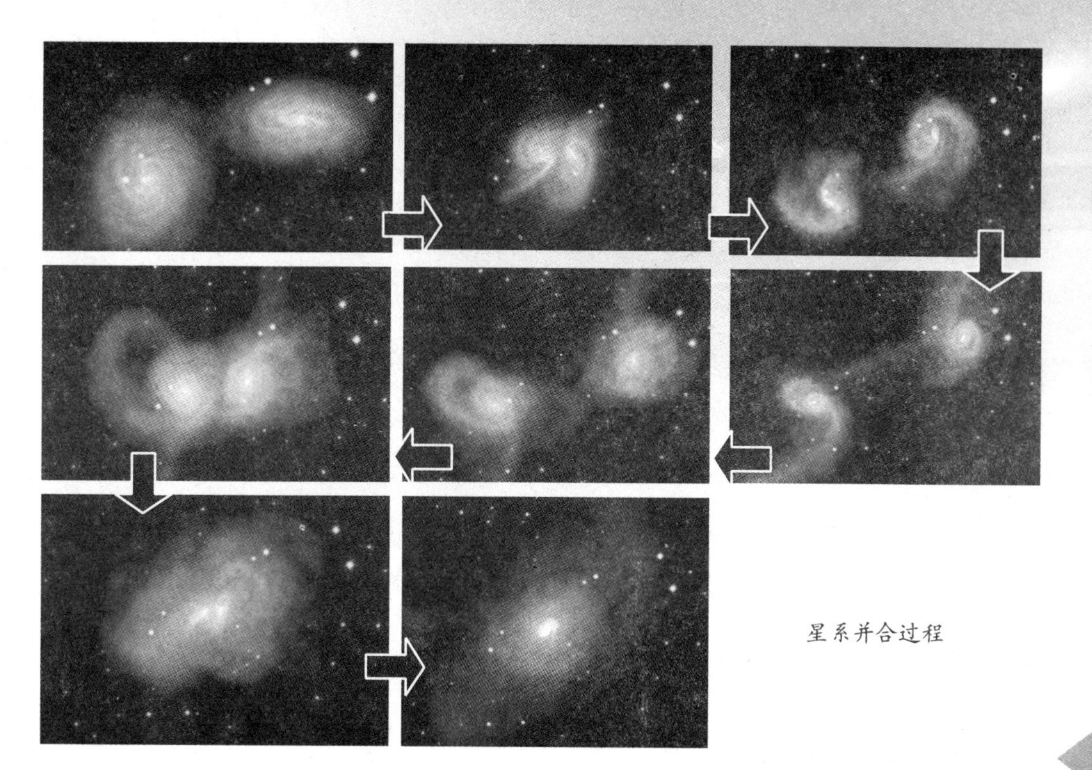

星系并合过程

里面好像很结实，它们中有许多是“老龄”星系。一般来说，在椭圆星系内不再有新的恒星诞生。根据椭圆星系的扁度一般可以分成 8 类，分别为 E0、E1、E2、E3、E4、E5、E6、E7。那些介于旋涡星系和椭圆星系之间的星系，有明亮的核球和扁盘，但没有旋臂，形似透镜，称为透镜星系。与之相反，还有一类星系既没有旋涡结构，形状也不对称，看不出形状，无从辨认其核心，有的甚至好像碎裂成几部分，称之为不规则星系。在其内部仍有恒星在不断形成之中，而此星系的气体绝大部分尚未演变成恒星。

我们知道恒星的“群居”，其实星系的“群居”比恒星更甚。打个比方，我们可以把几个小木盒子放在一起，填进一个大木盒子；再将各类大盒子拼合起来，放进更加大的盒子内。有趣的是，星系也有类似的这种多层次的结构。如大、小麦哲云是一对双重星系；它们与银河系组成三重星系；加上玉夫座星系等成员，又再组成一套多重星系。仙女座星系也有一个群居的“部落”。

天文学家通过 X 射线天文卫星的观测发现星系团的结构，它不仅是由许多星系构成，而且里面还聚集了大量高温气体，这就是所谓的星系际介质。这些气体的质量相当于（甚至超过）星系团中所有星系质量的总和。它们发出的 X 射线是宇宙中主要的弥漫 X 射线源。

星系不但群居，也会“打架”。近来研究表明，在过去 20 亿年间，在邻近的大星系之中，半数以上经过与其他星系碰撞和相互并合的过程，产生过几百个星系相互碰撞——“打架”的现象。

现在，我们所知道的最远星系的距离大约是 137 亿光年。从那里，反观我们的银河系，它仅仅是千亿星系家族中的一员，是宇宙海洋中的一个小岛，是无限宇宙中很小很小的一部分。宇宙之大，可想而知了！

六、宇宙深处的“精灵”

许多年以前，人们打开无线电收音机时，总会听到一种噪声。不管收音机多么完善，不管收音机放在离无线电源多么遥远的地方，这些噪声总不能消除。

1926年，有一位年轻工程师央斯基对收音机里的劈啪声进行研究。花了两年工夫，他才明白这些噪声是从宇宙空间来的无线电波引起的。1935年，他使用更好的定向天线去接收这些无线电波，发现当天线接近银河中心的人马座方向时，噪声的强度最大。

射电望远镜

1936 年，另外一位工程师尔伯接过央斯基的接力棒，建起第一台射电望远镜，对上述现象—从宇宙空间来的无线电波，加以证实和研究。

随着射电望远镜的日益增加，20 世纪 60 年代的科学家获得了具有重大价值的四大发现—类星体、微波背景辐射、脉冲星、星际分子。20 世纪 70 年代以后，射电望远镜的功能有了巨大提高，成为观测宇宙深处的千里眼。

红移现象

什么是红移？在了解 20 世纪 60 年代的四大天文学发现前，有必要先搞清楚它。

你是否注意到，当火车从身边驶向远方时，汽笛声会由尖锐逐渐变为低沉？要知道这可不是汽笛的音变调，而是声音的频率发生了变化：火车由远而近驶来时，汽笛声的频率变高；火车离去时，汽笛声的频率变低。这在物理学上叫做多普勒效应，是用发现者——奥地利物理学家和数学家多普勒的名字命名的。

在光现象里同样存在多普勒效应。当光源向你快速运动时，光的频

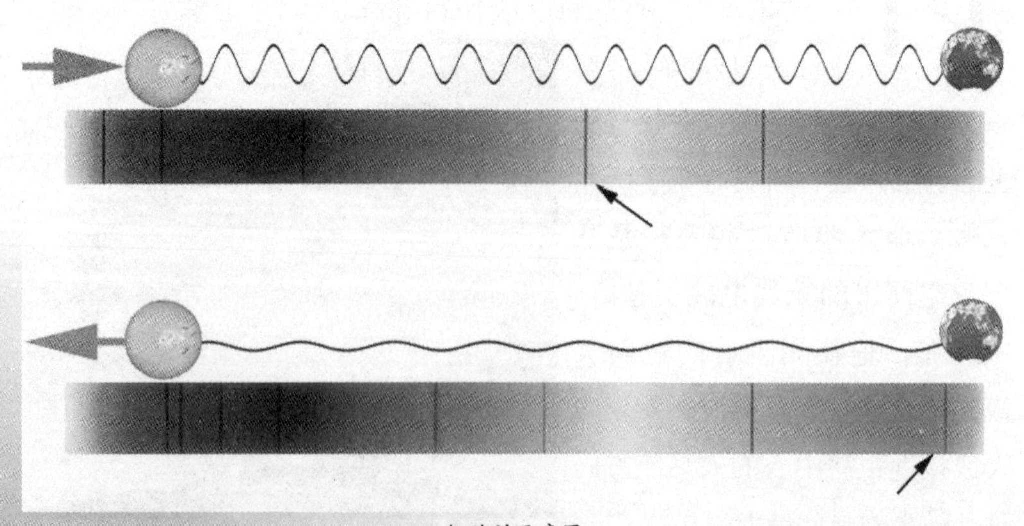

红移的示意图

率也会增加，当然不是表现为声音尖锐，而是表现为光的颜色向蓝光方向偏移（因为在可见光里，蓝光的频率高），也就是光谱出现“蓝移”。而当光源快速离你而去时，光的频率会减小，表现为光的颜色向红光方向偏移（因为在可见光里，红光的频率低），也就是光谱出现“红移”。这种现象对天文学家研究宇宙中的星体很重要。

“四不像”——类星体

如果你到动物园参观，就会看到一种动物叫“四不像”，学名叫麋鹿。它身长2米多，毛色淡褐。它的角似鹿非鹿，头似马非马，身体似驴非驴，蹄似牛非牛。

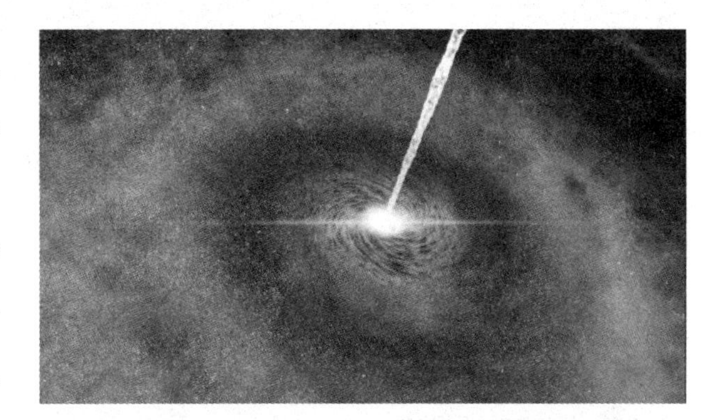

类星体

地球上有“四不像”动物，在宇宙中也发现有“四不像”的天体。这种奇特天体看似恒星却又不是恒星，光谱似行星状星云又不是星云，外形呈现星团状又不是星团，发出的射电波（即无线电波）像是星系又不是星系。最初，天文学家对这种天体的身世还不十分了解，就把它叫做类星体——类似恒星的天体。

类星体的发现是20世

OSO1229 + 204 的类星体结构图

纪 60 年代天文学上最令人兴奋的一件大事。

从 20 世纪 60 年代开始，天文学家就发现有些黯淡的光点与恒星有很大区别。当时射电天文学已经兴起，并且发现了空中的大量射电源。有的射电源是点状的，这会是什么天体呢？于是，天文学家根据射电源的位置努力寻找。

1960 年，天文学家在射电源的位置果然找到了一颗星。1963 年又找到了一颗。只是光谱分析表明，这两颗星都有些莫名其妙的光谱线。随后，荷兰天文学家马丁·施密特用帕洛玛天文台的 5 米望远镜仔细观测，发现这两颗星的红移值都偏大。要知道，一般星系中的红移很小，例如银河系内的天体红移值在 0.002 以下，比较远的星系红移也只在 0.1。而这两颗星的红移值，后者为 0.158，前者竟达 0.367。根据多普勒效应，红移越大的星，距离我们越远。这类星体一定距离我们极其遥远，可能在 10 亿光年之外，估计它们不可能是恒星。于是天文学家称这类天体为“类星射电源”。

天穹上的光点除了恒星外，居然还有其他类型的天体，天文学家感到非常震惊。他们开始直接在大量暗淡的光谱中寻找这些奇怪的天体，果然很快就找到一大批，而且发现其中有些天体除了有巨大红移外，却没有射电辐射，颜色偏蓝，天文学家称它为“蓝星体”。类星射电源和蓝星体统称“类星体”。

类星体是距离我们最遥远的天体。1987 年，发现一颗类星体红移值达 4.43。1999 年，居然又找到一颗红移值为 5 的类星体。更加新奇的是，2003 年发现的类星体 J1148+5251，红移值高达 6.42。这颗类星体距离我们要超过 125 亿光年。现在我们看到它的光，还是在宇宙早期，即大爆炸之后的 8.5 亿年发出的。到 2006 年 2 月上旬为止，人们观测到最远的类星体，远达 128 亿光年。

类星体距离我们这么遥远，可以想象，它的光度一定很大。但它的能量来源与星系的关系等都还是一个谜。

类星体的亮度是惊人的：最暗的类星体的亮度也能发出相当于 10^{11} 个太阳的光芒，和整个银河系的总亮度差不多。那更加明亮的类星体，甚至能发出成百上千个星系的能量，远远超过现今所知宇宙中的任何天体。

知识链接

什么是射电天文学

射电天文学是天文学的一部分，诞生于 20 世纪 30 年代。它是通过观测天体的无线电波来研究天文现象的一门学科。它通过射电望远镜，去接收宇宙天体发射的无线电信号，来研究天体的物理、化学性质。射电天文学观测的对象可遍及所有天体：从近处的太阳系天体到银河系中的各种对象，直到极其遥远的银河系以外的目标。

类星体如此光芒四射，那么它的个头想来是很大的了。出人意料的是，科学家按类星体光的变化周期和光速估算，类星体的直径不过是几个光年到十几光年，而银河系的直径为10万光年。

为什么个体小于银河系上万倍的类星体，它的亮度会相当于、甚至大于银河系的总亮度呢？简直令人不可思议。

对类星体的研究，已经构成了对近代物理学的挑战。而问题的解决，有可能使我们对自然规律的认识向前跨出一大步。

3K 宇宙背景辐射

宇宙微波背景辐射

彭齐亚斯　　威尔逊

20世纪60年代初，美国贝尔电话实验室的两位工程师彭齐亚斯和威尔逊为了提高卫星通信的质量，研制了一架天线。这架天线的噪声很低，方向性非常强，用来检测干扰卫星的空间噪声来源。出人意料的是，在1964年这两位工程师发现，将天线对准任何方向，总能接收到一个非常微弱的、强度相同的微波噪声信号。经过反复测试，他们证明这噪声既不是仪器本身引起的，也不是地球或某一个天体发出的，而是来自宇宙背景的辐射。经过认证，这个噪声强度相当于 3.5K 的黑体辐射，人们把它称为微波背景辐射。1965 年天文学家又把它改正为 3K。现在人们就称之为 3K 宇宙背景辐射。目前，天文学家又发现了 1.9K 的宇宙背景辐射。

人们认为这种辐射是早期宇宙的热残余。它使天文学家联想到宇宙学中的“热大爆炸学说”。这个理论认为，原始宇宙就好像热气球，在气球里某点由于密度极大，以惊人的速度向外膨胀，将难以计数的物质抛向四面八方，形成了恒星、星系和星团。但还有残留的辐射遗迹在空间，这就是宇宙背景辐射。因此，3K 宇宙背景辐射的发现有力地支持了宇宙的“热大爆炸学说”。而两位发现者也因此荣获了 1978 年诺贝尔物理学奖。

太空深处的“灯塔”

脉冲星，是一种具有很强磁场、快速自转的中子星。它的磁场强度

知识链接

什么是 3K

1848 年，英国物理学家开尔文创立了热力学温标，即绝对温标。为了纪念他，把这个温标称为“开氏温标”。K 就是热力学中的绝对温度，它的零点是 -273.16℃。这是按目前科学水平，人们发现以及能降到的最低温度——在这个温度下，所有的原子都停止活动，进入静止的状态。3K 是一个很冷的温度值，只比绝对零度高出 3℃，即 -270℃。

开尔文山

脉冲星

相当于地球磁场强度的万亿倍以上。超强的磁场作用将周围天体的大气吸收过来，这些物质与脉冲星表面接触、碰撞产生的能量，使物质温度加热到比太阳的温度还要高。这些加热的物质以辐射的方式形成一束宽度很狭窄、方向性又很强的光束，就好像灯塔一样照射着茫茫天穹。脉冲星自转周期很短，最短的为 0.0014 秒，最长的为 4.3 秒。它自转一周，人们就可以观察到其脉冲（即瞬间突然变化、作用时间极短的电磁波）的图形，脉冲星的名称也因此而来。

1967 年，在英国剑桥大学的穆拉射电天文台，安东尼·休伊什和他的女研究生贝尔正在研究行星际闪烁方面的射电信息。休伊什设计的望远镜很特别，它是由 2048 根天线组成的天线阵。这台射电望远镜的设备能够连续记录变化较快的射电信号。8 月，贝尔用这套装置发现，位于狐狸星座的一个探测射电源有一种出乎意料的快速变化。她查找了几千米记录纸带。11 月 28 日，她终于分析出这个射电源发射出固定的射电脉冲，而且脉冲极有规律，每隔 1.337288 秒出现一个，好像有人在操纵一般。这种情况使他们异常兴奋，以为找到了外星人。有些科学幻想作家曾经想象：外星人也许不通过植物，而是利用星光进行光合作用以维持生命，所以外星人的皮肤是绿色的，大脑发达，身体很小。于是，休伊什和贝尔就给这个发射出固定射电脉冲的射电源取名为“小绿人”。

在发现所谓“小绿人”后的一个月，贝尔发现了第二个类似的脉冲信号，很快又发现了接二连三的脉冲信号。这使他们感到疑惑：这些脉冲到底是外星人向我们发的信号，还是一种天体现象呢？即便如此，休伊什也认识到这个发现还是很重要的，是天文学上的一个突破。于是，他很快和贝尔联名在《自然》杂志上公布了这一发现。后来，这类新型天体被正式命名为“脉冲星”。

这些射电源为什么就像一台台“宇宙时钟”那样精确地滴答走动呢？似乎有人在拨动它一样。天文学家分析，这种脉冲信号是来自星体的自转。脉冲星自转发出这么短暂的脉冲，表明它的半径只有 10 千米左右，这个数字与 1931 年苏联科学家、诺贝尔奖获得者朗道预言的中子星半径完全吻合。其他证据也说明，这些脉冲星就是快速旋转的中子星。1974 年，休伊什因发现了脉冲星而获得诺贝尔物理学奖。贝尔未能获得此项殊荣，使人们深感遗憾。但她并不计较，仍然勤勤恳恳地工作在自己的天文岗位上。现在，她在天文界的名望甚至超过了她的老师。

黑洞之谜

超大质量黑洞

黑洞是宇宙中一种神秘天体。它的密度和引力极为强大，没有物质能摆脱它的强大引力，就连光线也逃脱不了。

1788 年，法国天文学家拉普拉斯在牛顿万有引力定律的基础上预言，如果存在一颗密度如地球、而直径为太

黑洞

阳 700 倍的发光恒星，它产生的引力将不允许任何光线离开它。1798 年，拉普拉斯在所著《宇宙体系论》中提到："天上最明亮的天体，可能是看不见的。"原因就是这种天体体积小而密度大，具有连光线也逃脱不了的巨大引力。打个比方，如果要从黑洞里取出哪怕小米粒那样大小的物质，也得用几百万艘万吨级轮船才能拖得动。

1967 年，休伊什和贝尔发现了脉冲星并认证了它就是理论物理学家所预言的中子星。这也促使科学家去探索拉普拉斯预言的特殊天体——黑洞。

黑洞是宇宙中的死亡陷阱、无底深渊。它密度大，引力强，好像是一个无底洞。黑洞"吸食"周围的物质，它的"食量"是每年一个太阳，它的"胃"似乎永远也填不满。黑洞具有质量、角动量（旋转）和电荷三大特征。如果一个黑洞本身带有正电荷，它就只吸收带有负电荷的物体。

英国著名物理学家史蒂芬·霍金在 20 世纪 70 年代初，证明了任何黑洞的表面积都不会随时间而减小。一个黑洞不能分裂成两个黑洞；而两个黑洞可以合并成一个黑洞，从而导致黑洞表面积的增加。1974 年，霍金又提出:黑洞的质量会减小，到一定时间，黑洞就蒸发掉了。也就是说，质量大的黑洞寿命比较长。与太阳质量相当的一个黑洞，蒸发掉的时间为 1066 年。这是一个难以想象的漫长时间。

1971 年，天文学家通过美国宇航局（NASA）的钱德拉 X 射线望远镜,认证了第一颗恒星级黑洞——天鹅座。著名 X 射线源“天鹅星座 X-1”是双星，其主星是超巨星，伴星质量大于 6 个太阳，看不见，但它周围气盘发射出 X 射线，所以天文学家推测它很可能是黑洞。霍金认为，天鹅星座 X-1 有 95% 的可能性是黑洞。从那以后，人们又观测到了数以千计的黑洞存在的证据。2001 年，科学家还首次观测到了物质落入到天鹅星座 X-1 中的真实情景。

另外,椭圆星系的核心可能是90亿个太阳质量的大黑洞。在宇宙早期，也会形成一些小黑洞，其质量差不多有上亿吨，但体积只有粒子那么大。

在河外星系中也可能存在质量巨大的黑洞。哈勃空间望远镜曾经观

主星和伴星，可能是黑洞

知识链接

轮椅上的科学巨人

史蒂芬·霍金

现在还没有哪一位科学家的著作，能像《时间简史》那样成为发行量上千万，全世界平均每500人就拥有一册的畅销书。它的作者，就是这位从21岁起就身患卢伽雷氏症，只能坐在轮椅上，必须依靠机器才能与人交流的天才科学巨人——史蒂芬·霍金。

时间简史

史蒂芬·霍金于1942年1月8日出生在英国牛津。霍金把时间、空间的历史与未来作为研究对象，解决了我们从何处来和为何在这里的问题。他的关于“宇宙起源于大爆炸，并将终结于黑洞”的论断已被科学界广泛接受。

测到14个星系极可能存在黑洞。黑洞在吞噬周围的物质时，如前所述会发出强大的辐射，因此可以依靠射电望远镜来发现它。

星系级的超大质量黑洞，吞噬一颗恒星就如同珠穆朗玛峰吸收一片小雪片而已。我们借助天空中X射线观测和图像，试图对黑洞及其周围区域进行监视，来帮助人们解开长期困扰在心中的疑团。中国科学院上海天文台沈志强研究员通过射电观测，计算出在银河系中心处黑洞可测量的最小直径不超过1个天文单位（AU）。这一发现，在国际天文界引起了极大的反响，为我国天体物理前沿学科做出了贡献。

七、太阳系之旅

万有引力的发现，为人类战胜地球引力指明了方向。科学家研究发现，当物体的飞行速度达到 7.9 千米 / 秒（第一宇宙速度）时，它的离心力等于地球的引力，物体能够绕地球飞行而不被吸回地球，摆脱了大地的束缚。当物体的飞行速度达到 11.2 千米 / 秒（第二宇宙速度）时，物体可以摆脱地球引力，飞出地球，在太阳系内飞行。当物体飞行速度大于 16.7 千米 / 秒（第三宇宙速度）时，物体就可以飞出太阳系了。

人造卫星上天

人们如何能使飞行器达到这些宇宙速度呢？必须借助于火箭。1903 年，俄国科学家康斯坦丁·齐奥尔科夫斯基通过计算提出，要用多级火箭才能达到第一宇宙速度，才能使飞行器不会落回到地球上。齐奥尔科夫斯基有一句名言："地球是人类的摇篮，但人类总不会永远躺在摇篮中。"人们尊称他为宇航之父。

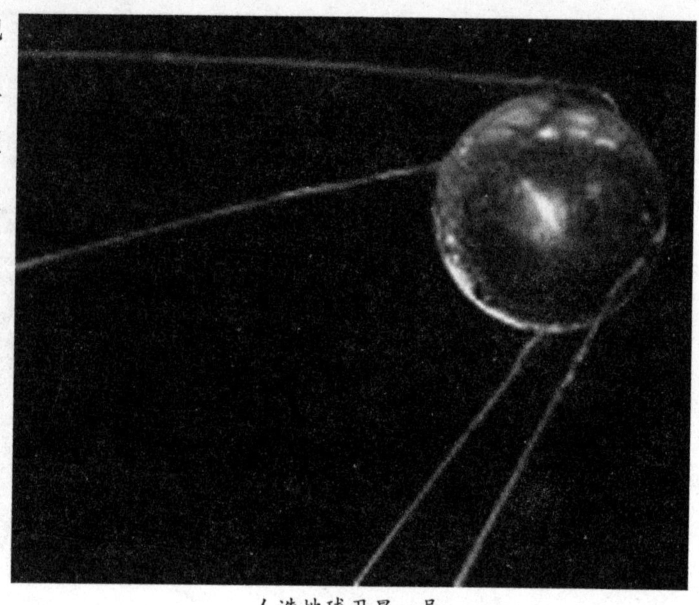
人造地球卫星一号

1926年，美国的工程师戈达德试验发射火箭成功，终于把齐奥尔科夫斯基的理论付之于实践。

1957年10月4日，苏联终于用三级火箭将第一颗人造卫星送上太空，它的名字叫"人造地球卫星一号"。它的发射成功，标志着人类航天时代的到来。以后美国、法国、日本都相继成功发射了人造卫星。我国虽然起步较晚，但自制"长征一号"火箭成功地把我国第一颗人造地球卫星"东方红一号"送上了天空，电波载着东方红乐曲响彻宇宙，从而成为世界上进入太空的主要国家之一。

卫星能够升空，人类能不能适应太空环境呢？小狗、老鼠、猴、黑猩猩成了首选宇航员，送入太空作试验。有了动物探路，于是1961年4月12日苏联宇航员加加林乘坐"东方一号"宇宙飞船升空，最后进入320千米的地球轨道，绕地球一圈历时108分钟，并成功地返回地面，成为人类宇航时代的第一飞天人。

探测月球

月球是人类走向太空的第一个台阶。1609年，伽利略用第一架望远镜进行观测，得到第一张月面图。人们发现了月球上有高山和广阔平原，月面布满了大大小小撞击坑(环形山)。但是，利用望远镜观测月球，据此编制的月球地形图模糊不清，月球的物理特点都是凭猜测的。因为用望远镜观测月球，只能达到50米的分辨率，所以人类对月球的认识还是像雾中看花一样的感觉。

探测器登月

1959年9月14日，苏联的“月球2号”探测器升空。两天后，它在月球的静海着陆，实现了人类航天器第一次到达地球以外天体的飞行。

加加林

同年10月7日，苏联“月球3号”探测器，成功地拍摄了世界上第一张月球背面的照片。

1966年1月31日，苏联“月球9号”探测器在飞行了39个小时以后，在月球的风暴洋附近第一次实现软着陆。1970年9月20日，苏联“月球16号”探测器在月面丰富海软着陆，第一次使用钻头采

月球上的环形山

月球探测器

集了120克月岩样品，带回地球。

与此同时，美国和苏联展开了以月球探测为中心的太空争夺。美国根据庞大的“阿波罗登月计划”，先后发送了9个“徘徊号”和7个“勘测号”月球探测器，拍回了数以万计的月面照片。此后又为阿波罗载人飞船着陆做准备，发射了5个月球轨道环行器，为登月地点提供探测数据；同时进行了10次阿波罗载人登月试验的预演。到此美国已经完成了登月的一切准备。

登上月球

1969年7月16日，美国“阿波罗11号”飞船，载着阿姆斯特朗、奥尔德林和科林斯三人在美国卡纳维拉尔角航天中心升空。他们经过75小时的飞行到达了月球轨道。接着，由科林斯驾驶指令舱绕月球轨道飞行，而阿姆斯特朗和奥尔德林驾驶登月舱于7月20日在月面近海一角降落。阿姆斯特朗第一个走出舱门，踏在月球的土壤上，奥尔德林紧随其后。他们在月面上进行实地科学考察，并把一块金属纪念牌插上月球，上面镌刻着：“公元1969年7月，来自行星地球上的人首次登上月球。我们

“阿波罗11号”飞船

阿姆斯特朗登月

是全人类的代表，我们为和平而来。”他们在月球上逗留了两天，并在月球上安装了测量月震的月震仪，采集了月球岩石和土壤。在完成月面一系列考察任务以后，两人进入登月舱，离开月球回到月球轨道上的指令舱中，与科林斯会合以后开始返回地球。

24日，飞船安全返回地面，完成了这一次史无前例的航天飞行。这在人类探索宇宙的征途上又跨出了一大步，使人们对月球的认识大大加深。从神话传说到人类在月球上留下第一个足迹，整整经历了几千年的漫长岁月。

从1969到1972年底，美国总共发射了7艘“阿波罗号”飞船进行载人登月飞行。18名宇航员中有12名登上月球这块异乡土地。由于月球的地质活动很弱，他们留下的足迹至少将原封不动地保存100万年之久。他们在月面共逗留了302小时20分钟，行程90.6千米，带回381千克月球的土壤和月岩标本，还实地拍摄了大量月面照片。宇航员在月面上安装了各种科学仪器，如自动月震仪、月面反射器等，以便于进行

月球车

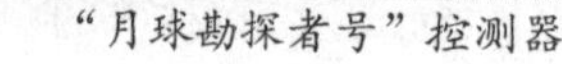

“月球勘探者号”控测器

宇航员在月球上漫步

多学科的考察。

20 世纪 90 年代，“伽利略号”、“克莱门汀号”和“月球勘探者号”等飞船对月球再次进行探测。

1994 年，美国发射了“克莱门汀号”无人驾驶飞船，对月球进行了新的地貌测绘，为在不久的将来建立月球基地和月基天文台做准备。1995 年，“克莱门汀号”航天器在月球南极附近获得了惊人的发现，就是在月球两极环形山的土壤下很可能存在冻结的冰。

1997 年 9 月 24 日和 1998 年 3 月 5 日，“月球勘探者号”进一步在月球极区发现了氢元素的成分，表明这里可能聚集有水，即南、北极存在大量冰态水。对月球存在水的最好解释就是它来自于陨星体，在太阳照不到的地方逐渐积累起来。根据探测，存贮量达到 1100 万~3.3 亿吨的水冰。

这一发现对于人类走向太空将具有里程碑的意义。因为冰块可以补充太空船的燃料，可以解决月球上人的饮水问题。据估计，这些水能提供数千人的生活用水 100 年以上。月球科学家正在收集更多的直接证据，以确认月球存在冰冻的水资源。

另外，“克莱门汀号”和“月球勘探者号”的探测以及对宇航员带回的月球样品进行分析，月球研究有了新的成果：得到了月球全球的各种图形，如全球岩石和土壤的组成，以及极区的氢的分布图，重力、磁场和地形的全球图，月面全球精密的坐标图等；揭开了月球地壳中心是铁核心的线索；发现月球的表面几乎完全由富含铝的岩石（钙长石）所覆盖。这些都有助于搞清月球是从何而来的秘密。

月球的摇晃和震动

月球和地球发生地震一样，也会发生月震。它对未来的航天基地会有什么影响呢？为了搞清这个问题，1969—1972 年“阿波罗号”飞船在月球降落点放置了月震仪，检测到了 1 万多次月震。

美国地球物理学家将这些月震资料输入计算机进行运算分析，总结出 4 种月球震颤和晃动的原因：

一、深处月震。7000 次以上，深度在 700 ～ 1200 千米。

二、陨星撞击造成的震动。

三、月球夜晚极端寒冷，太阳照射后，冻结的月面硬壳热膨胀而引起震动。这种月震强度很强。

四、月面下约 20 ～ 30 千米的浅源月震。地球上的地震一般持续半分钟，最大的 2 分钟，而在月球上要持续 10 分钟左右。

月球还遭受流星的碰撞，每天至少有 1 吨重的流星撞击月球。月球上没有大气保护，所以流星与月球撞击甚至会产生爆炸。4 个阿波罗月震仪在 1972 年记录到一颗流星的撞击，它正好撞击到月球上的云海的北面。2005 年 11 月 7 日，美国宇航局科学家观测到一颗直径 12 厘米的流星体以每秒 27 千米的速度撞击月球的雨海附近，爆炸威力很大，估计撞击产生的陨石坑直径为 3 米，深度为 40 厘米。大家也许会想到，宇航员在月球上遇到流星体撞击该怎么办？好在他们在月球上停留时间不长，不然真的是会遇到麻烦的。所以未来月球观测基地的选址，安全是最为必要的。

撞击月球

2006 年 9 月 3 日，“智能 -1 号”探测器低空飞行并撞向月球，成功地击中月球的卓越湖，比几天前预报的时间晚了几秒钟。撞击的速度大约 2 千米 / 秒。由于撞击点在月球的正面，地面和空间望远镜将撞击过程尽收眼底。天文爱好者用 10 厘米天文望远镜或高分辨双筒望远镜就可观测到撞击现场的情况，捕捉到飞船湮没时的微弱闪光。

智能 -1 号探测器

“智能 -1 号”只有一台洗衣机大小，重 37 千克，造价 1.1 亿欧元，于 2003 年 9 月 27 日发射升空，2004 年 11 月 15 日低达近月轨道，2005 年 1 月进入工作轨道。

撞月模拟图

这次“撞击”是欧洲探月史上的一座纪念碑，帮助科学家揭开月球的一些谜团。

2009 年 3 月 1 日，我国的“嫦娥一号”卫星在控制下也成功地撞击了月球。那么，这次撞月有什么科学意义呢？

“嫦娥一号”撞月成功为今后我国空间探测器软着陆打下初步基础。月球探测器在地球表面软着陆难度高，由于月球上没有空气，连降落伞都无法使用，因而在月球上进行精确软着陆的难度是可想而知的。

这次成功撞月是一次很好的演习。月球离地球平均距离 38.4 万千米。从地球地面传到月球的信号，比传到此前的我国载人宇宙飞船的信号要弱得多。这次“嫦娥一号”成功撞击月球，说明我国的遥控技术已达到国际水平，为嫦娥二期工程积累了宝贵经验。

撞月

同时，“嫦娥一号”成功撞击探月有很大的意义：首先，对月球的研究有助于人类研究地球的起源；其二，月球是一个绝佳的天文观测场地，没有大气层扰动，并且月球的背面不受地球上无线电的干扰，因此如能在月球上建立天文台将极大地促进天文事业的发展；第三，相比于其他天体，月球距离地球非常近，随着科技的不断进步，人类完全有可能将月球作为人类探测宇宙的中转站。

“嫦娥一号”成功撞月，对我国科研人员是极大的鼓舞，标志着我国的探月事业迈上新台阶。

再掀热潮

进入 21 世纪，人类拥有了更多更尖端的探索工具，再次对地球唯一的天然卫星——月球进行太空探索掀起热潮。

为什么人类要花那么多钱来探测月球呢？

绿色的月球基地

首先，月球可以为天文望远镜的观测提供巨大、稳定的观测平台。月球具有高真空、高度清洁和微弱重力的条件，不受大气的干扰，来自宇宙天体的所有电磁波辐射都会畅通无阻地到达月球表面。这种得天独厚的天然空间站，是人类征服太阳系，开展深空探测的中转站。而航天技术的发展，也可以带动其他相关技术的发展。

未来的月球城

同时，到月球上开发，可以充分利用月球上的各种能源特别是太阳能和核聚变燃料，来大量开采月球上的矿产资源。

月球探测还有重要的军事防御意义。能否在月球上建立空间站，这是检验一个国家国力的表现。月球的引力是地球的六分之一，所以从月球上的空间站再发射航天飞机要比地球上发射便宜得多。如果有了空间站，发射卫星都能在太空上实现。就如在飞机诞生之初，谁拥有飞机谁就有制空权一样，探测月球在军事防御上的意义可想而知。

所以，有一定国力的国家都蓄势待发，将掀起全球新一轮的探月高潮。如美国总统布什 2004 年 1 月 14 日提出太空探索新构想，命名为“兴奋的阿波罗”。加拿大航天局表示，在今后 10 年内登上月球或火星，并开始与印度进行月球探测方面的合作。欧洲提出了月球探测的“凤凰计划”。中国、俄罗斯、印度等国也都提出了月球探测计划。

发挥你的想象力：你想把未来的月球城建成什么样？是一个风光秀丽的旅游乐园呢，还是现代化的工业城？

探索火星路漫漫

火星上有没有火？没有。相反，那里的温度比地球低至少30℃，到了晚上，温度在-80℃以下。火星是一个冰冷的世界。

火星

火星没有火，怎么看上去是红色的呢？原来，火星上覆盖着红色沙漠，那就是火星岩石，是经过风化后的氧化铁，也就是铁锈。所以人们又叫火星是生了锈的行星。按照和月面命名类似的方法，我们把这个明亮红色的区域叫做陆地，暗而绿色或棕色的区域叫做海洋。

在围绕太阳公转时，火星与地球时近时远，时而顺行，时而逆行，亮度和位置都在变化。多年以前有“火星人”开凿“运河”的故事。

“运河”的故事

1877年夏天，发生了火星大冲，这是一次难得的天文奇观。许多天文学家将望远镜对准火星观测，取得了前所未有的成果。

美国天文学家霍尔发现了火星的两颗卫星，它们的形状类似于多纤维的马铃薯。意大利天文学家斯基帕雷利在火星大冲的前后几个月，用当时最好的望远镜观测，发现火星上有一些规则的线条，横贯火星大陆，宛如许多小海峡连接海洋一般，他将这些线条称为“Canali”，意大利文有“水渠”的意思。就是这个词汇，居然在一些喜欢追求猎奇和刺激的新闻记者的笔下变成英文的词汇“Canals”，意思是人工开凿的河道，即“运河”一词。之后，美国天文学家洛韦尔在沙漠上建立天文台，专门来

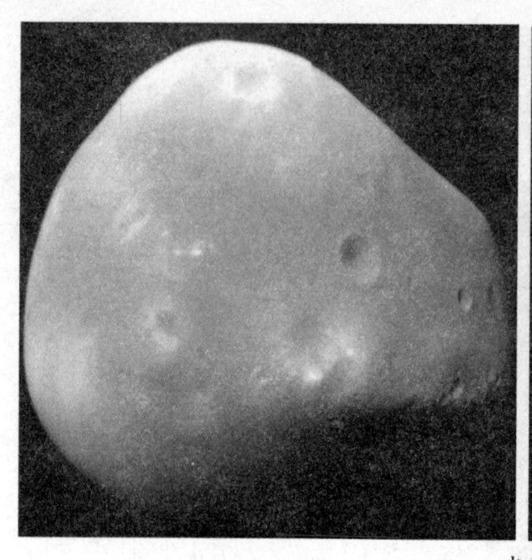

火卫

观测火星上的运河。他宣布发现了180条运河。

火星上到底有没有运河？有一些人用望远镜观测火星，都声称看见了运河。有些虽然没有看见，也相信有运河。“水渠”是自然形成的，而运河则是人工开挖的产物。于是有人说这种特殊的沟渠结构，一定是火星上的人为了农业而建修的水利工程，“运河”两字，意味着火星上是有智慧生命的存在。就这么一字之差，被媒体炒作得沸沸扬扬，一下子轰动了整个文明世界。这也引起了天文学家的极大注意，以至于把他们引上了探索火星是否有生命存在的漫漫之路。

火星基地想象图

有人想象，火星人就是依靠运河来灌溉缺水地带，使沙漠变成绿洲的。火星人开凿运河的工程这么浩大，那他们的智慧一定超过了地球人。洛韦尔还出版了关于运河和火星人的书，到处演讲，场场爆满。20 世纪 50 年代，苏联天文学家推测，火星上因为太阳光照度低，因而火星上生长的植物叶子是蓝色的。苏联的一些大学还开了《火星植物学》课程。

想象中的火星人

火星上有没有生命

关于火星上有无运河、有无火星人的谜底，随着大型望远镜的应用和空间探测时代的到来，已基本揭晓。根据空间探测，火星上极其寒冷、干燥，缺乏氧气，重力减少，太阳紫外线的辐射很强，所以形成的环境和地球上产生生命的环境截然不同。从 1964 年到 1977 年，美国发射了 8 个“水手号”和“海盗号”探测器，发现火星上有环形山、火山峡谷，许多陨石坑和“水渠”，但没有任何一条人工运河或流水的迹象，也没有植被。虽然在火星的土壤中有化学活动过程，但并没有证据可以说明有活着的微生物。空间探测终于否定了火星人的存在，但火星是否有生命存在还是一个谜。对火星上是否曾经有过水的痕迹，火星上是否曾有过生命的证据，也还有待于未来的载人火星飞行的考察结果。

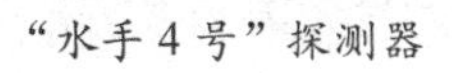

“水手 4 号”探测器

“海盗号”探测器

两艘飞船

在 20 世纪 60 ～ 70 年代发射探测器飞向火星进行探测的基础上，1996 年美国发射的“火星探路者号”飞船到达火星，在火星表面成功软着陆，释放出一辆探测小车，用机器人采集样品，寻找生命。

“火星探路者号”飞船

“火星探路者号”的一大成果，是有力地证明了在几十亿年前火星上曾经发生过特大洪水。也就是说，在火星的早期历史上，曾经有过大量的地面水。但是如今，除了火星两极可能有以冰的形式存在的地面水以外，其余地区，不管其海拔高低，都是一片荒漠，

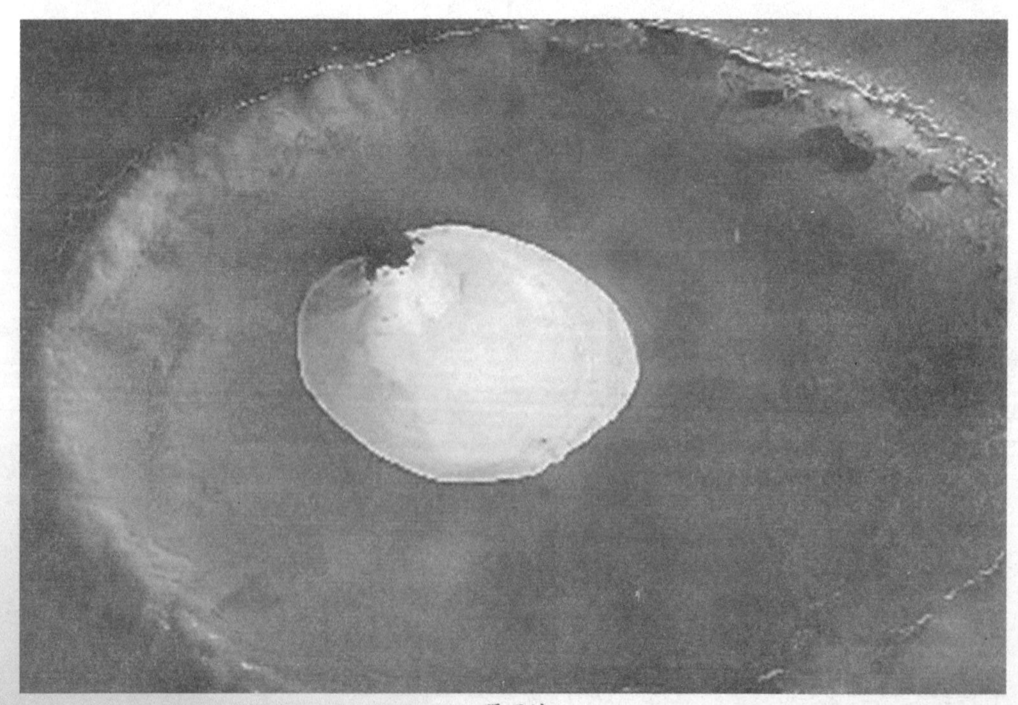
陨石坑

火星两极冰冠

毫无地面水的痕迹。那么在其荒漠的地表下面，有没有可能也蕴藏着地下水呢?“火星轨道照相机”发回的图像表明：在一些谷地，形成复杂的分支山谷网络。在荒芜的地表下面，可能存在水，也许会有某种形式的生命存在。

同一年，“火星全球勘测者号”飞船，也向火星飞去。它的发射比“火星探路者”提早将近一个月，但由于飞行路线不同，到达火星的时间是 1997 年 9 月 12 日，却晚了差不多两个月。它没有在火星上着陆，而是成了火星的一颗人造卫星，环绕火星转动。它载有一台“火星轨道照相机”，可在 380 千米高空拍摄火星表面的高清晰度图像，能分辨只有几米的火星地形细节。另外，它还载有一台“火星轨道激光高度计”，可以用激光测量火星表面地形的海拔高度。

“火星全球勘测者号”飞船向地球发回了几千幅火星表面图像，对火星表面进行了 2700 万次海拔高度测量。利用这些图像和数据，已经绘就了火星的一幅地形图。科学家从探测得到的对火星地形的了解，甚至比地球上各大陆的某些地区还清楚，分辨率比“水手 4 号”飞船向地球发回的图像要高 10 倍。“火星全球勘测者号”飞船在不到两年的时间里所取得的丰硕成果，已远远超过了以前 33 年对火星的探测。

寻找水的证据

2001年4月，美国“奥德赛号”火星探测器发射升空，主要任务是再次在火星上寻找水源。它于2004年12月23日接近火星，开始了环绕火星的探测飞行。2003年12月，欧洲宇航局的“火星快车号”探测器携带的“猎兔犬2号”在火星登陆。

“勇气号”探测器

另外，2004年11月至12月，美国的“勇气号”和“机遇号”火星车也分别踏上了火星这块异乡土地，试图寻找水和生命的踪迹。“勇气号”火星车长1.6米、宽2.3米、高1.5米，重174千克，具有立体视觉能力。它能越过各种障碍物，每天可行驶40米，其造价约4亿美元。“机遇号”在登陆点附近探测到的小石球镶嵌在露出地表的岩层上，犹如蛋糕上的“蓝莓果”。这些小石球的主要成分是赤铁矿，而赤铁矿通常是在有水的环境下形成的。“机遇号”在登陆点附近探测到的岩石是在水中形成的。美国宇航局宣布，2004年3月24日在火星南极发现了冰冻水。这些消息的确使人感到鼓舞和欣慰。因为探测器寻找水的证据一次比一次多。

艰难的水星探测

水星和金星是离开太阳最近的两颗行星。水星的探测之路堪称非常艰难。美国1973年发射的“水手10号”探测器，在距离水星690千米处飞过，发回许多清晰照片。照片表明水星很像月球，也是环形山密布，大气极其稀薄。以后“水手10号”3次飞掠水星，但因速度太快，未能进入水星轨道。

“水手10号”拍摄的水星表面

在对水星冷落了30年后，2004年8月2日美国发射了“信使号”探测器，它经过一年的旅行后接近地球，借助地球的引力加速，然后两次飞向金星，再借助金星的引力两次飞过水星。2011年3月，它第三次接近水星，最后成为水星的一颗人造卫星。借助这个探测器，我们就会对经常淹没在太阳光辉里的这颗神秘行星有更多的了解。

谜团重重的金星

相比之下，人们对地球的邻居——金星要偏爱得多。20世纪60年代开始，人类发射行星探测器的第一个目标就是金星。

初揭面纱

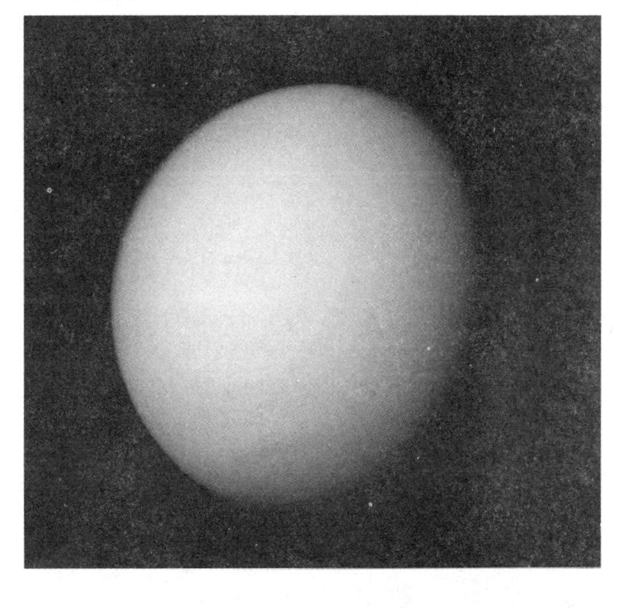

自1961年苏联发射第一个金星探测器“金星1号”以来，飞往金星的探测器络绎不绝。苏联发射了16个金星探测器，尤其是1972年的“金星8号”首次在金星的表面软着陆成功。探测发现，金星表面上的温度高达480℃，比烤箱还要热。大气中主要是二氧化碳，有很强烈的温室效应。金星的表面被浓厚的云层所笼罩，被包裹得严严实实。大气中弥漫着腐蚀性极强的酸类，环境非常恶劣。那里的白昼也是“暗无天日”，天空总是阴沉沉的，夜晚也无明月，是一颗孤独的行星。从1962年起，美国发射了7个“水手号”金星探测器。通过近距离和着陆两种方法探测，科学家已经初步揭开了金星的神秘面纱。

尽管人们对金星的探测已投入了较多的力量，但至今仍有许多未解之谜。例如，为什么金星是逆向自转？为什么金星的自转周期比公转周期长？金星上的云雾是怎样形成的？为什么金星上没有磁场……

欧洲航天局在2006年2月17日发射了一个“金星快车号”探测器，所携带的一整套轨道仪器证明它有能力透过金星大气的层层迷雾，探测金星的新动态。4月开始，“金星快车号”探测器便一直在金星周围寻找有价值的信息，不断向地球发回大量珍贵数据。

金星有过海洋吗？据探测，在金星外层大气中能找到大量重水。科学家分析，过去金星上的液态水可能有几百米深，也就是说金星上可能存在过广阔的海洋。这一点同地球相似。但以后为什么海洋就消失了呢？对此还需要更多详细的数据。

科学家认为金星太像远古时的地球。因为在太古时，地球上没有生命，大气主要是二氧化碳。科学家急切想要了解金星的进化趋势，例如金星上的海洋是如何消失的等等。未来，“金星快车号”探测器会给科学家带来更多惊喜。

神秘的紫外线吸收体

金星上是否有生命？这一直是人们关心的问题。若干年前，曾经有科学家提出，金星世界可能有生命。他们发现金星大气里有神秘的斑块在旋转，它们存在于金星上空50千米的云中，大量吸收太阳紫外光线。还发现了在这些斑块周围有硫化氢和二氧化硫，这两种气体一般不会一起被发现，除非有某种东西在产生它们。他们认为，这些紫外暗斑是一些活的微生物。但另一些科学家怀疑他们的结论。时隔多年，“金星快车”在初期轨道运行中，再次证实了大气顶层所谓“紫外线吸收体”的存在。这高踞云端不停吸收紫外线的奇怪物质究竟是什么？还需要对金星大气进行深入探测才能得到可靠的答案。

双风眼

2006年5月底，“金星快车号”探测器正处在初期轨道运行中。它在金星的南极附近发现了“双风眼”的大气旋涡，这是行星探测史上第一次捕捉到如此结构复杂的旋涡，令科学家们极为惊喜、兴奋。

“金星快车号”探测器

金星上风速非常快，云层中自东向西刮着每秒80～110米的大风，比地球上的台风要强得多。科学家将这一疾风称为“超旋”现象。一股风只用4天时间就能环绕金星一

“先驱者号”探测器

周，这种高速度能在金星两极轻易形成旋涡，但金星的南极附近为什么有两个风眼，目前科学家还不能做出很好的解释。

木星探险

第一艘飞近木星的宇宙飞船是美国1973年发射的“先驱者10号”，接着是1974年发射的“先驱者11号”。这两艘飞船腾空而起，飞向遥远的苍穹，去探测太阳系中最大的两颗行星，初步揭开了探测外行星的序幕。它们先后到达木星，送回了木星的大量近距离照片和有关情况。“先驱者10号”借助木星的引力又飞向土星，然后又转向海王星，1986年越过冥王星的轨道，第一个飞出太阳系，方向是金牛座。“先驱者11号”探测完木星后，飞向土星，然后飞出太阳系。

“旅行者号”探测器

木星大、小红斑

全新的认识

在1979年3月，有一艘飞船飞近木星，这就是1977年发射的“旅行者1号”，接着“旅行者2号”也在1979年7月飞过这颗大行星。

这两艘飞船探测的重大收获是对木星结构有了全新的认识。原来，木星不是一颗固体行星，而是一颗液态行星。它和太阳相似，中心是高温固体核，最上层为液态氢。令人们对木星最琢磨不透的是木星大红斑，但探测器已经证明了这个大红斑实际上是一个大“台风”——气旋。利用哈勃太空望远镜和其他望远镜，天文学家们饶有兴趣地观测着它们。有人猜测，也许大红斑是在几个世纪以前的几个小红斑合并产生的。

大红斑的直径是地球的两倍，它已经至少持续了300年。最近，天文学家又发现一个被称为“卵斑”的结构。它在2005年11月还是白的，而到了12月就慢慢地变成了褐色，以后又变成了红色，现在它的颜色跟大红斑完全一样。

人们只知道土星有光环，但“旅行者1号”飞近木星时，发现木星上也有环。这个环比较黯淡，不能称为“光”环。其大小只有6500千米宽。如果用望远镜是观测不到的。探测器对木星的卫星也进行了探测，发现了不少新的卫星，现在木星的卫星被认证为63颗。

“伽利略号”的贡献

无论是“先驱者号”还是“旅行者号”飞船，都只是在飞过木星时，远距离探测这颗行星。为了进一步了解木星，1989年10月18日美国“亚特兰第斯号”航天飞机载着“伽利略号”升空。在行星际探测器中，“伽利略号”的结构及性能最为复杂，技术最为先进。从此，“伽利略号”进行了长达14年的木星探测之路。

1989年10月18日，“亚特兰第斯号”航天飞机载着“伽利略号”升空

经过6年的飞行，“伽利略号”飞船在1995年12月释放了一个小

“伽利略号”进入木星轨道

探测器，进入木星大气层，作了75分钟实地考察。发现了木星的尘埃环，对木星的卫星进行了近距离的探测。

“伽利略号”探测器在多年的探测中获得了大量的科学成果。读者最感兴趣的可能就是有证据表明木卫二地表冰层的下面存在液体海洋。早在1979年3月，“旅行者号”探测器飞越木星附近时，就看到纵横交叉如一堆乱麻的条纹，这是木卫二破裂的表层；还发现了木卫一上的活火山，木卫三表面上的环形山。当时科学家就提出：木卫二上是否有生命存在？

“伽利略号”环绕木星运转了34圈，在太空中共飞越了46亿多千米。2003年9月21日，“伽利略号”坠毁于木星大气，结束了它对木星及其

彗星撞击木星之壮观

卫星进行的7年多探测的传奇使命，因而被誉为20世纪最重要的行星探测活动。

彗木之“吻”

1994年7月17日至22日，“苏梅克－列维9号”探测器直接观测到20世纪一次引人瞩目的彗星撞击木星事件——彗木之“吻”。1992年，彗星离木星有11万千米。因木星的直径是14万千米，强大的引力将彗星瓦解，改变了彗星的轨道，导致彗星撞击木星，并在木星大气中留下了醒目的黑斑。这黑斑的面积比地球还大得多。

土星光环

“旅行者1号”探测器　　“旅行者2号”探测器

太空深处访土星

“先驱者 11 号”探测器

“先驱者 11 号”探测器升空

1979 年，“先驱者 11 号”探测器经过长途跋涉到达土星，这是人类访问土星的第一个使者。后来，“旅行者 1 号”和“旅行者 2 号”探测器先后到达土星，实现了对土星的近距离探测。探测器发回的大量照片和数据，使我们对土星的了解一下子增加了很多，如发现了土星的两个新光环和土星的新卫星、磁场。

“旅行者 1 号”探测器为我们提供了关于土星光环的新形象，揭开了光环之谜。过去一直认为，土星光环是平坦连续的 5 道圈。现在近看，才发现土星光环的结构极其复杂，环中有环，令人眼花缭乱。光环平面内有数百条甚至数千条大小不同的同心环，细如密纹唱片。2006 年末，科学家发现土星最外围的光环 (E 环) 呈现出蓝色，而土星的其他光环则带有淡红色。

土星的结构与木星相似，磁场非常强，而且极性颠倒。大气的风速为 400 米 / 秒，是太阳系中最强的风。所以，土星上空是“风云翻滚，气

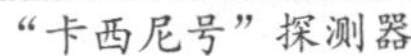

“卡西尼号”探测器

“惠更斯号”探测器登陆土卫六

象万千”。2006 年 10 月 5 日美国宇航局公布了一幅土星的最新照片，照片利用特殊的方法形成类似于中国灯笼的效果，呈现土星内部深层云层的情况。从图中看，鲜红色是笼罩在相对稀薄的云层和颗粒的区域，而暗红色则表明那是多云的区域。

“先驱者 11 号”探测到土星的第 12 颗卫星，为了纪念它的功绩，该卫星取名为“先驱岩”。探测器还发现土卫六的浓密大气、土卫八的黑白两色的“阴阳脸”，探测器发现卫星的数目也增加到 37 颗。还有的卫星正在进一步认证中。

1997 年 10 月，美国和欧洲联合发射了一个“卡西尼号”探测器。它两次飞过金星，一次飞过地球后加速，并于 2004 年 6 月到达土星。后来该探测器拍摄了大量土星及其卫星的清晰照片。2004 年 12 月 24 日，“卡西尼号”释放了一个叫做“惠更斯号”的小探测器，它对遥远的“小地球”土卫六表面进行探测，发现其表面有许多河道。土星是太阳系中已经知道的第二个表面有液体的星球。

造访天王星和海王星

1977 年 8 月 20 日，重量达 2016 千克的“旅行者 2 号”太空飞船从美国的肯尼迪太空中心发射升空，向着太阳系边缘飞奔而去。它穿过火

“旅行者 2 号”拍摄的蓝色光环

星和危险的小行星带，先后与木星和土星交会，然后与天王星和海王星交会。

现在发现天王星的卫星一共有 27 颗。美国伯克利大学的天文学家在天王星外围新发现了一条高亮度的蓝色光环。至于这条蓝色光环是产生于尘埃微粒，还是天王星的一颗卫星，目前尚难下结论。

天王星围绕太阳公转的姿态非常特别，它的赤道面与轨道面的倾角为 97° 55'。在天王星的一年中，太阳光轮流照射在它的南、北两极。但从天王星上看见的太阳早已“面目全非”了，它只是一个直径不到 2' 的亮斑，相当于放在 150 米外的一只苹果，比天王星的卫星都小得多。对天王星还有许多的疑问，想要揭开它的面纱，需要科学家长期的探索。

“旅行者 2 号”拜访过天王星后，又于 1989 年 8 月从距离海王星云端 4800 千米的地方飞过。它从 44.8 亿千米的遥远地方发回的照片，终于呈现出了海王星的英姿：有频繁的风暴活动；有一巨大的鹅卵形风暴，直径大约 1.28 千米。这些情况在地球上是看不到的。这种风暴的形成仍是一个谜。探测器又在海王星处发现了 6 颗卫星，现在发现海王星的卫星总数是 8 颗。

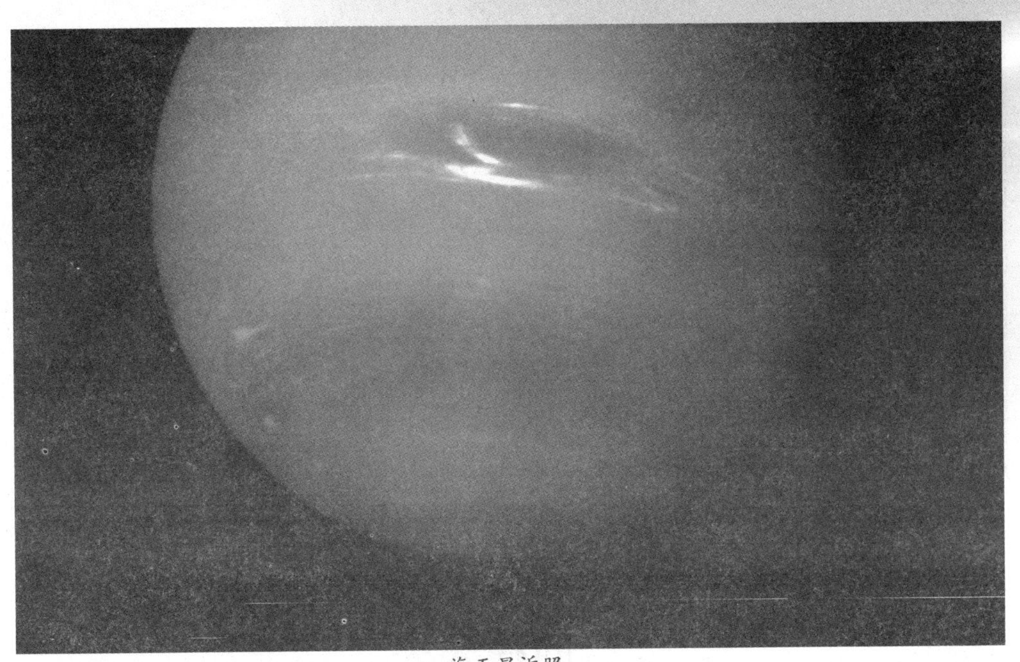

海王星近照

飞探朦胧的世界——冥王星

近年来，由于柯伊伯带小天体的大量发现，原来太阳系成员中的冥王星虽已降为矮行星，但人们对这颗朦胧世界的天体的兴趣却有增无减。为此，美国科学家设计了第一个造访冥王星的“新视野号”探测器。这个探测器在2006年1月17日发射升空。它将首先飞向木星，然后借用木星的引力作用奔向冥王星。整个项目耗资将超过6.5亿美元。按计划，它将在2015年靠近冥王星，到那时将有5个月的时间进行拍照和探测，用分辨率为1千米的望远镜观测和描绘冥王星及冥王星的卫星表面情况；测定它们的土壤构成情况；测定冥王星的大气组成和逃逸现象的情况；并对柯伊伯带天体进行全新的探测，以获得宝贵的研究资料。

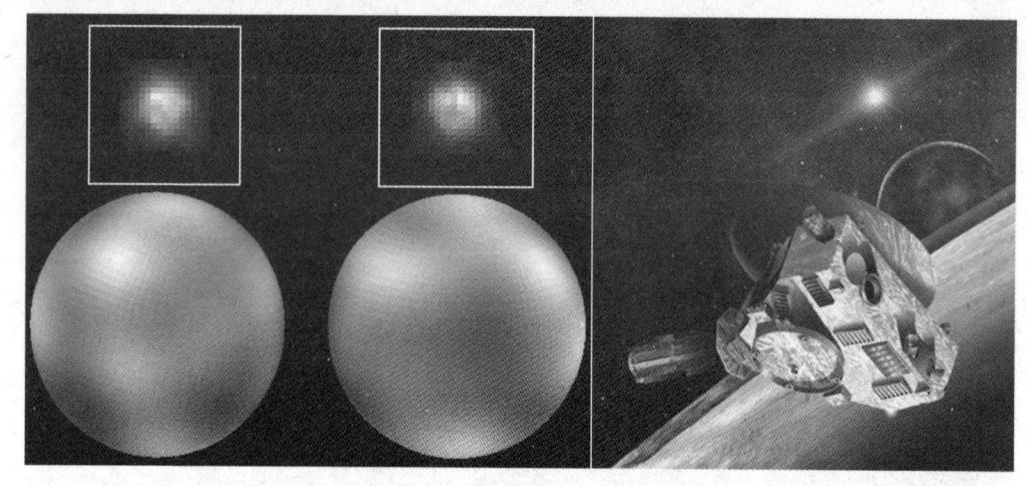

冥王星“新视野号”探测器

向往未来

到目前为止，人类只登上了月球，这不能不说是一个遗憾。展望未来，人类也许不会永远生活在地球这个摇篮里。如果地球上人类爆满、资源用尽的话，是可以移民到合适的星球上去的。月球是我们首先开发的新天地。火星是太阳系中最可能被开发而适合人类居

“嫦娥一号”在西昌卫星发射中心发射塔发射升空

“嫦娥一号”的“奔月”路线图

住的天体。当然，要真正实现恐怕还是比较遥远的。去其他星球上开发，建立宇航基地，并不是一件容易的事。这里面包含了很多非常高的技术，有待于我们去发展。拥有高度发达的空间探测技术是一个国家综合国力的集中体现。我国已于2007年10月24日18时成功发射了“嫦娥一号”卫星，开始了奔月之旅。我国探月工程的成功是航天事业发展的又一座里程碑。我们相信，有一天，人类将会插上科技的翅膀，在更加广阔的宇宙空间纵横驰骋！

八、天涯何处觅“知音”

在人类探求星际奥秘的漫漫征途中，每当我们把目光投向茫茫太空时，总有一些最令人迷茫而又感兴趣的问题，那就是地球之外的星球上有生命吗？有我们的同类吗？如果有的话，他们在哪里？他们长什么样？

生命乃至人类的产生是有一定条件的，除了适宜的温度、水之外，还有地球提供的很多保障，比如说地球大气像一把巨大的保护伞，把生命藏在里头不受太空高能粒子辐射影响和紫外光直接照射；地球磁场也阻挡了太阳风和从宇宙而来的高能粒子（高能粒子能够穿过人，

欧洲南方天文台

也会穿透水泥，对人有很大伤害）。正因为地球有这样的保护，地球上简单的生物才可能发展到人这样的高级生物。

地球外的智慧生命

人们不但想寻找地外生命，而且还想找到和人类一样的智慧生命。美国天文学家提出了一个公式，可以用来估算银河系内可能存在智慧生物的星球数目 Nc。

Nc=（N*）（Fp）（Ne）（Fe）（Fi）（Fc）（FL）

N*——银河系中与太阳质量相当的恒星数目

Fp——行星系统形成概率

Ne——有类似地球行星的概率

Fe——形成生命的可能性

Fi——进化为智能生物的可能性

Fc——拥有远距通信能力的可能性

FL——有交流能力且能存活的行星比率

按照这个公式，现在银河系里大约有 1000 亿～2000 亿颗恒星。我们只能选择其中与太阳质量相当的恒星数目，大概占银河系总星数目的 1/4，即 250 亿～500 亿个。在这些恒星中有

银河系中太阳系外的行星系统

多少能形成行星的概率并不清楚。其中又有多少能成为智慧生物？而这些智慧生物起码要拥有远距离通信能力，我们才能找到他们。研究认为，离我们较近而且能有生命的地外行星系统大约在离地球150光年的地方；如果发信号给他，他再发回来，需要300年的时间。但如果等信号发过来对方恒星已经死掉了，也就找不到他了。所以既要有交流能力，又能存活。这样经过层层筛选，几百颗恒星有可能形成文明社会。

现在，国际上有一些科学家在作这项研究，并且成立了专门找寻地外智慧生命的研究机构——SETI。该研究机构从1960年开始至今还是一无所得。早期的找寻手段是用地面上口径300米的射电望远镜来找。之后在澳大利亚用口径64米的望远镜找了半年。40多年间观测到的、可以考虑的信号有几百万个，但都一一排除了。不过这个研究机构每隔几年都要开会，继续研究。

科学家在太阳系内已经或正在对月球、木星及其卫星和火星等天体做仔细的地外生命搜寻 。到目前为止，还不能说太阳系的其他行星有智慧生物。

看来，地球以外的智慧生命，还得到太阳系以外的行星上去找。

国际天文学会已经宣布发现有117颗恒星周围有行星，这个数目还在不断增加。探测的设备之一是哈勃望远镜，另外欧洲在南美洲有一个很大的天文台，具有4个口径8米的光学望远镜。当然还有世界各地各种其他类型的天文望远镜。

世上最大单孔径射电望远镜

拜访远方的朋友

联络宇宙深处的文明有两条路可走：一是接收信号；二是送去礼物，也就是把信号带出去。从 20 世纪 70 年代起，人们就把探测外星人的目标投向太阳系以外。1973 年、1974 年美国发射的“先驱者 10 号”、“先驱者 11 号”在完成探测任务后，就飞出太阳系。科学家在探测器上放置了地球人的“名片”——标志板。它是一块像书本大小的镀金铝片，上面注明了太阳相对于 14 颗脉冲星和银河系中心的位置。希望外星人看到脉冲星就知道银河系的中心，并且找到太阳在太空中的位置。

标志板上还画着 10 个大小不一的圆圈，代表了太阳和当时的九大行星。并在左上角画出了氢的超精细结构，表示目前地球人对宇宙的认识程度。还有地球人——裸体男女的形象，男的举右手致意。背面是按同样比例绘制的飞船样子。如果外星人足够聪明的话，拿到这块板就知道它是从地球上来的。

1977 年，“旅行者 1 号”、“旅行者 2 号”相继出发，在完成了对地外

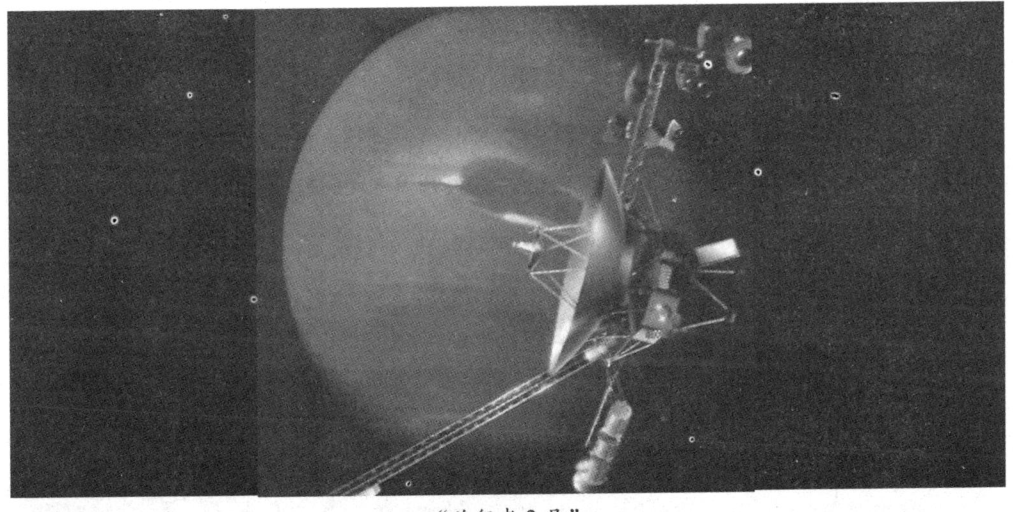

“旅行者 2 号”

金唱片地球之音：116 幅画面、55 种语言的问候语、
35 种自然声音、27 首著名乐曲。

外星生物的想象图

行星的探测后，基本上离开了太阳系。“旅行者号”渴望天外觅知己，遇到一个具有高级智慧生命的文明世界。为此，它带去一个金唱片，是一张 VCD 盘，叫“地球之音”。这唱片由喷金的铜制成，直径 30.5 厘米。唱片的内容丰富多彩，计 27 首乐曲，大部分是世界名曲，包括中国古典乐曲《高山流水》和京剧。上面有 116 幅画面，录制了地球的全貌以及人类起源和发展的各种信息，其中包括中国的长城和中国人欢乐的家宴。还有用 55 种语言向外星人问候的录音，包括中国的多种方言。中文的问候是：“各位都好吧！我们都很想念你们，有空请来玩。”还有一段联合国秘书长的口述录音和美国总统卡特

外星生物和人

签署的电报，再就是有35种自然界中的声音。

值得一提的是，喷金铜板经过特殊处理，可以历经几亿年，甚至几十亿年都不会变形或变质，这样大概可以在宇宙中存在10亿年。实际上，“旅行者号”飞船在宇宙中遇到另一恒星的行星系统的机会非常渺茫，即使碰上这个机会，那也只有当存在更先进的文明人类时，“地球之音”才能发挥作用。

倾听宇宙深处的召唤

既然我们不能到其他恒星去旅行，但能不能试图和他们保持通信联系呢？1960年，美国射电天文学家德雷克组织了“奥兹玛计划”的实施。奥兹玛是童话故事中美丽公主的名字。她住在一个非常遥远的地方——奥兹。奥兹玛计划的意义是要在遥远的地方寻找人们心中的伙伴——地球外的文明世界。

澳大利亚综合孔径射电望远镜阵列

科学家开始用大望远镜搜寻天外来客的信号。利用阿雷西博射电天文望远镜实施监察计划，试图接收 21 厘米波段的射电信息。收听对象是分别离我们 11 光年和 12 光年的两颗恒星——鲸鱼座 τ 和波江座 ε 。这两颗恒星和太阳同一类型，距离我们又近，但在 3 个月内监听了 150 个小时，毫无所获。

1974 年，科学家利用 300 米口径的射电望远镜向银河系武仙座球状星团发出了二进制的数码脉冲。此球状星团离我们 2.4 万光年，如果那里存在着比地球人更聪明的“武仙人”，他们就会识别这些信息，不过要等到他们的“回电”也需要 1 万多年。然而，直到跨入 21 世纪的几年，搜索工作仍然是大海捞针，一无所获。

搜寻地外文明，需要国际间科学界和星际探测界不懈的共同努力。有可能在其他星球上，这些智慧生物也在注意和研究我们呢！而由于我们人类现代科学的局限性，发现不了他们。但我们相信，面对浩瀚无垠的宇宙，人类探索的脚步是不会停止的。倘若有一天，我们和“宇宙人”建立了联系，那将是人类文明史上具有里程碑的事件。

让我们记住中国“航天之父”、两弹一星的奠基人钱学森的一句话：科学上没有最后。是的，人的智慧是无穷的，揭示宇宙的奥秘永不停止。探索，再探索，使探索宇宙的深度加深，再加深；探索宇宙的广度扩大，再扩大。

测 试 题

一、选择题

1. 国际天文联合会把星空划分为____个星座。

   A. 77　　B. 78　　C. 80　　D. 88

2. 太阳是一颗 ____。

   A.行星　　B. 恒星　　C. 新星　　D. 白矮星

3. 地球上光和热都来自太阳的 ____。

   A.光球　　B. 色球层　　C. 日冕　　D. 冕洞

4. 在太阳内部存在着绝对温度____万度以上的高温度、高密度、超高压的环境。在这种条件下，氢原子核激烈碰撞，就结合成氦原子核，同时释放出极大能量。

   A.1000　　B. 1500　　C. 2000　　D. 2500

5. 太阳的年龄是____亿年。

   A.30　　B. 46　　C. 50　　D. 100

6. 太阳正处于中年期，再过几十亿年，它将步入老年，最后变成____。

   A.白矮星　　B. 褐矮星　　C. 红巨星　　D. 黑洞

7. 天文学家让冥王星降级为 ____。

   A.小行星　　B. 小天体　　C. 矮行星　D. 短行星

8. 以下行星中____是没有光环的行星。

   A.海王星　　B. 天王星　　C. 水星　　D. 木星

9. 光环最多的行星是 ____。

   A.土星　　B. 木星　　C. 天王星　　D. 海王星

10. 黑洞是宇宙中的死亡陷阱、无底深渊。它密度大，引力强，好像是一个无底洞。黑洞“吸食”周围的物质，它的“食量”相当于每年吞掉一个。

A.月亮　B. 地球　C. 太阳　D. 星系

11. 宇宙膨胀学说的观测基础是 ___。

A.哈勃定律　B. X射线　C. 黑洞　D. 宇宙微波背景辐射

12. 银河系是一个 ___。

A.旋涡星系　B. 球状星系　C. 不规则星系　D. 螺旋星系

13. 太阳距离银河系中心的位置有 ___ 。

A.1万光年　B. 2.8万光年　C. 5万光年　D. 7万光年

14. 根据大爆炸宇宙论，最早期的宇宙是宇宙汤，温度极高，密度极大，所占的空间非常小，处于这种状态的宇宙必然要膨胀。宇宙诞生的最初 ___分钟变化非常快，宇宙温度从绝对温度 1000 亿 K 一下子降低到绝对温度 10 亿 K。

A.1　B. 3　C. 5　D. 10

15. 2006 年 9 月 3 日，欧洲宇航局发射的“智能 -1 号”探测器低空飞行，并成功地撞击了月球上的 ___。

A.月海　B. 卓越湖　C. 哥白尼环形山　D. 月球南极

16. 人类首次登上月球的时间是在 ___。

A.1968年　B. 1969年　C. 1970年　D. 1972年

17. 从 1969 年到 1972 年底，美国总共发射了 7 艘“阿波罗号”飞船进行载人登月飞行。宇航员带回 ___千克月球的土壤和月岩标本，还实地拍摄了大量月面照片。

A.301　B. 381　C. 400　D. 500

18. 没有卫星的两颗行星是 ___。

A.地球和火星　B. 水星和金星

C. 土星和天王星　D. 地球和海王星

19. 银河系内有 ___多亿颗恒星，只是由于距离太远，无法用肉眼辨认出来而已。

A.800　B. 1000　C. 1500　D. 2000

20. 获得“量天尺”美称的是 ___。

A.超新星　B. 红巨星　C. 造父变星　D. 白矮星

21. 2006 年末，天文学家发现土星最外围的光环 (E 环) 呈现出 ___而土星的其他光环则带有淡红色。

A.红色　B. 蓝色　C. 黄色　D. 白色

22. 12000 年后将由 ___来坐镇北极星。

A.天狼星　B. 织女星　C. 天津四　D. 金星

23. 发现万有引力的科学家是 ___。

A.牛顿　B. 开普勒　C. 哥白尼　D. 亚里士多德

24. 霍金所写的一本最畅销科普读物为 ___。

A.《黑洞理论》　B.《时间简史》

C.《时间之箭》　D.《大爆炸》

25. 月球至地球的距离约为 ___万千米。

A.56　B. 38　C. 74　D. 100

26. 1948 年，美籍俄国物理学家 ___第一个提出了大爆炸宇宙模式的观念。认为宇宙起源于一次大爆炸，爆炸生成的原始火球不断膨胀，又逐渐冷却下来，形成今天的膨胀宇宙。

A.阿莫夫　B. 阿西莫夫　C. 伽莫夫　D. 爱因斯坦

27. 银河系的旋臂有 ___。

A.3只　B. 4只　C. 6只　D. 9只

28. 太阳系现在的大行星数目有 ___颗。

A.8　B. 9　C. 10　D. 12

29. 现已确认，恒星就是在一些物质 ___的分子云中产生的。有些分子云至今还在形成新的恒星。

A.密度较小　　B. 密度较大　　C. 质量较小　　D. 质量较大

30. 侧视银河系时看到的是布满恒星的圆面——银盘。银盘直径约为 ___万光年。厚度是 3000 ～ 6500 光年。

A.8　　B. 9　　C. 10　　D. 12

31. 哈勃对天文学的最大贡献就是发现宇宙是在膨胀的。1929 年，哈勃发现了所有星系都在急速离我们而去，距离我们越远的星系，它的退行速度就越大，两者存在正比关系。这就是闻名于世的 ___。

A.膨胀定律　　B. 退行定律　　C. 远离定律　　D. 哈勃定律

32. 在光现象里同样存在 ___效应。当光源向你快速运动时，光的频率也会增加，当然不是表现为声音尖锐，而是表现为光的颜色向蓝光方向偏移，也就是光谱出现“蓝移”。反之，光谱出现“红移”。

A.多普勒　　B. 开普勒　　C. 牛顿　　D. 哈勃

33. 类星体的亮度是惊人的，最暗的类星体的亮度也能发出相当于 1011 个太阳的光芒。它和整个 ___的总亮度差不多。

A.太阳系　　B. 银河系　　C. 河外星系　　D. 蟹状星云

34. 1964 年，美国科学家发现，将天线对准天空任何方向，总能接收到一个非常微弱的、强度相同的微波噪声信号。后来证明这噪声是来自宇宙背景的辐射。现在人们就称之为 ___宇宙背景辐射。

A.1K　　B. 2K　　C. 3K　　D. 4K

35. 脉冲星是一种具有很强磁场、快速自转的 ___。它的磁场强度相当于地球磁场强度的万亿倍以上。

A.行星　　B. 超新星　　C. 中子星　　D. 彗星

36. 和地球相似的行星有小地球之称，这一颗行星是 ___。

A. 金星　　B. 火星　　C. 木星　　D. 冥王星

37. 脉冲星自转周期很短，最短的为 ___秒，最长的为 4.3 秒。

A.0.1　　B. 0.001　　C. 0.0014　　D. 0.0004

38. 金星上风速非常快，云层中自东向西刮着每秒 ____米的大风，比地球上的台风要强得多。科学家将这一疾风称为“超旋”现象。

A.30～50　　B. 60～70　　C. 80～110　　D. 130～150

39. 木星是一个液态行星。它和太阳相似，中心是高温固体核，最上层为液态氢。令人们对木星最琢磨不透的是木星大红斑，探测器已证明了这个大红斑实际上是一个____。

A.水　　B. 气旋　　C. 氧化物　　D. 红色液体

40. 20 世纪 30 年代，美籍德国物理学家 ____等提出氢核聚变为氦的热核反应原理，才真正揭开了太阳或者恒星能量来源之谜。这项研究成果使其荣获 1967 年诺贝尔物理学奖。

A.贝特　　B. 费曼　　C. 爱因斯坦　　D. 霍金

二、是非题

1. 天文学是一门古老的自然科学。
2. 地球是一颗行星。
3. 柯伊伯带小天体在海王星轨道外。
4. 太阳每天落到西边，所以西边是它的家。其原因是地球的自转。
5. 光年是距离单位。
6. 各个行星和太阳的距离符合提丢斯定律。
7. 太阳在银河系的中心。
8. 类星体、脉冲星、3K 宇宙微波背景辐射和星际分子是 20 世纪天文学的四大发现。
9. 黑洞有三种不同类型：恒星级、星系级、原生级。
10. 我们的宇宙在膨胀。

测试题目答案

一、选择题

1.D 2.B 3.A 4.B 5.C 6.A 7.C 8.C 9.A 10.C

11.D 12.A 13.B 14.B 15.B 16.B 17.B 18.B 19.D 20.C

21.B 22.B 23.A 24.B 25.B 26.C 27.B 28.A 29.B 30.C

31.D 32.A 33.B 34.C 35.C 36.B 37.C 38.C 39.B 40.A

二、是非题

1.（√） 2.（√） 3.（√） 4.（×） 5.（√）

6.（×） 7.（×） 8.（√） 9.（√） 10.（√）

图书在版编目 (CIP) 数据

星际探秘 / 顾震年编写 . —上海: 少年儿童出版社,
2011.10
(探索未知丛书)
ISBN 978-7-5324-8921-3

Ⅰ. ①星... Ⅱ. ①顾... Ⅲ. ①宇宙—少年读物
Ⅳ. ① P159-49
中国版本图书馆 CIP 数据核字（2011）第 219126 号

探索未知丛书

星际探秘

顾震年 编写
卢 璐 陈 飞 图
卜允台 卜维佳 装帧

责任编辑 黄 蔚 美术编辑 张慈慧
责任校对 黄 岚 技术编辑 陆 赟

出版 上海世纪出版股份有限公司少年儿童出版社
地址 200052 上海延安西路 1538 号
发行 上海世纪出版股份有限公司发行中心
地址 200001 上海福建中路 193 号
易文网 www.ewen.cc 少儿网 www.jcph.com
电子邮件 postmaster@jcph.com

印刷 北京一鑫印务有限责任公司
开本 720×980 1/16 印张 8 字数 99 千字
2019 年 4 月第 1 版第 3 次印刷
ISBN 978-7-5324-8921-3/N·943
定价 29.50 元